醫師專業推薦

孕期營養全指南

養胎瘦孕

胖寶不胖媽100道料理

樂媽咪名廚團隊／編著　郭怡君營養師／審訂推薦
吳維雲／內頁繪圖

CONTENTS

Part 1

孕期聰明吃，胖寶不胖媽

Part 2

懷孕初期養胎瘦孕飲食安排

Part 3

懷孕中期養胎瘦孕飲食安排

Part
4

懷孕後期養胎瘦孕飲食安排

Part
5

養胎瘦孕小點心

Part
6

養胎瘦孕 Q&A

養胎瘦孕原則：均衡攝取六大類食物

P25
芋頭粥
燉煮到又鬆又軟的芋頭，
香濃軟滑的口感讓人停不下來。

全穀根莖類

全穀根莖類食物是孕媽咪熱量的
主要來源，其中五穀飯、糙米飯
等粗糧以及根莖類食物，更是富
含膳食纖維與礦物質，用來取代
精緻的白米飯，是不錯的選擇。

P116
牛蒡炒肉絲
牛蒡是健康的食材，
懷孕的孕媽咪多吃牛蒡，
還可以預防便祕的產生。

P134
蜜汁甜藕
清香的蓮藕，
遇見濃郁的桂花香氣，讓人忍不住一口接一口。

P24
海鮮粥
用海洋的豐富營養，
提供孕媽咪滋補養胎的養分。

豆魚肉蛋類

豆魚肉蛋類與低脂乳品類是孕媽咪主要的蛋白質和鈣質來源。蛋白質是胎兒生長發育的基本原料，對大腦的發育尤為重要；鈣質則是有助於胎兒骨骼的發展，必須均衡攝取。

P77
蠔油雞柳
雞肉口感黏稠滑順，
秋葵富含葉酸，最適合孕媽咪養胎時期。

P74
鐵板豆腐
蘊含豐富的蛋白質，外脆內軟的口感，
讓人難以忘懷的好滋味。

P32
枸杞皇宮菜
艷紅的枸杞，點綴於翠綠的皇宮菜之間，
讓人有大快朵頤的衝動。

蔬菜類

蔬菜含有豐富的維生素C，有助於構成一個強健的胎盤，使胎兒預防感染，並幫助鐵質的吸收。其中深色蔬菜所含的葉酸，更是胎兒中樞神經系統發育所必需的營養素。

P107
鮮蔬蝦仁
山藥增強脾胃，
蝦仁清淡爽口，
是易於消化的一道菜。

P129
涼拌素什錦
色彩繽紛的蔬菜拼盤，
是膳食纖維的大集合。

P98
鳳梨苦瓜雞湯
濃郁的湯頭蘊含食材精華，
增添孕媽咪養胎元氣。

水 果 類

水果中含有豐富的纖維素，孕媽咪
多吃水果可以預防便祕的發生，並
補充維生素 C。但要注意避免食用
太甜的水果，以免攝取過多的甜
分，造成身體的負擔。

P130
番茄蒸蛋
蒸蛋香氣瀰漫，
蘊含著微微的番茄酸甜香味，
讓孕媽咪越吃越美麗。

P136
木瓜牛奶
木瓜牛奶香氣濃郁，所含的木瓜酵素能幫助消化，
對孕媽咪很有幫助喔！

P27
鮮滑魚片粥
魚肉柔軟無刺，粥品濃郁香醇，
就是要孕媽咪齒頰留香。

油脂與堅果種子類
在孕期中油脂的攝取很重要，像
是動物性油脂有雞油、魚油、豬
油等；植物性油脂，像是橄欖油、
芝麻油，或是核桃、花生等堅果
類食物。

P41
南瓜炒肉絲
蔬菜與豬肉的結合，
有豐富的鈣質與蛋白質，
鞏固孕媽咪跟胎兒的健康。

P56
雞肉飯
白飯淋上雞汁香氣濃郁，
讓人忍不住多吃幾碗。

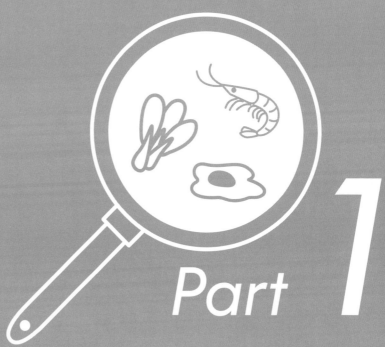

Part 1

孕期聰明吃，
胖寶不胖媽

當小小生命在孕媽咪體內開始孕育之初，就具有感知能力。孕媽咪的健康、情緒、飲食等都關係著寶寶的生長發育。常說一人吃兩人補，如何吃得好又吃得巧，能胖寶又不胖媽呢？讓我們趕快來看以下的介紹。

養胎瘦孕飲食原則

1. 供給足夠的熱量與營養素

按照孕媽咪每日膳食中，熱量和各種營養素供給量的標準，合理調配膳食，使每日進食的食物種類齊全，數量充足。尤其注意補充孕媽咪較易缺乏的鈣、鐵、維生素 D 和維生素 B 群等。

2. 選擇食物要多樣化

每日膳食中應包括糧穀、動物性食物、蔬菜水果、牛奶及乳製品等食物，並輪流選用同一類中的各種食物。這樣既可使膳食多樣化，又可使各種食物在營養成分上達到互補作用。另外，同時要注意膳食的季節性變化。

3. 進食時要保持適量

每餐應有一定的飽足感，既要避免胃腸負擔過重，又要不出現飢餓感，每餐飯菜的組成最好兼具粗糙和精緻、固體和液體、濃縮和稀薄的食物適當搭配，使身體能均勻消化吸收。

4. 調整合理的膳食制度

把整天的食物定質、定量、定時的合理分配。三餐的熱量分配合理，全天的熱量分配以早餐 25 ～ 30％、中餐 40％、晚餐 30 ～ 35％為宜。如果由於消化道功能降低，胎兒、子宮增大後擠壓胃腸道，可根據孕媽咪具體情況，適當減少餐次和調整進食數量。

5. 注意膳食的感官狀態

適宜的烹調以減少營養素的損失，並盡量做到膳食的色調秀人、香氣撲鼻、味道鮮美、外型美觀，以刺激食慾，促進食物的消化與吸收。

特殊體質
孕媽咪
飲食建議

1. 素食孕媽咪

孕媽咪長期吃素不利於胎兒健康發展，因此對於容易缺乏的營養素要多加補充，如鈣質—豆漿、豆腐等豆製品，鋅—杏仁果、未精製的五穀雜糧等，鐵—核仁類、南瓜類等，維生素 D—乳酪、多晒太陽等，維生素 B12—啤酒酵母、乳製品等。

2. 妊娠糖尿病孕媽咪

妊娠糖尿病孕媽咪要維持血糖值平穩和避免酮酸血症發生，因此餐次的分配非常重要。因為一次進食大量食物會造成血糖快速上升，且孕媽咪空腹太久時，容易產生酮體，所以建議少量多餐，將每日應攝取的食物分成 5 ～ 6 餐。睡前要補充點心，避免晚餐與隔天早餐的時間相距過長。

3. 妊娠高血壓孕媽咪

妊娠高血壓孕媽咪要控制體重正常增加，因此在熱量攝取上要特別小心。每日烹調用油約 20g，少吃動物脂肪。禽類、魚類和大豆類可保護心血管、改善孕期血壓，應多吃。每日鹽分不宜超過 2 ～ 4g，醬油不宜超過 10 毫升。多吃蔬菜、水果及牛奶，並在晚期補充鈣片。如腎功能異常則必須控制蛋白質攝取量。

全穀根莖類食材推薦

全穀根莖類是懷孕期間孕媽咪主要的熱量來源，如米飯、麵條、麵包、饅頭、麥片、地瓜、馬鈴薯、玉米、山藥等。

根據衛生福利部國民健康署發布，孕媽咪在全穀根莖類方面，每日建議攝取量為 2 ～ 3.5 碗，懷孕後期增加 0.5 碗；其中如果是未精製類可攝取 1 ～ 1.5 碗，如糙米、蕎麥、燕麥等；精製類可攝取 1 ～ 2 碗，如白米、麵條等；懷孕後期增加 0.5 碗。

碗為一般家用飯碗，容量為 240 毫升，重量為可食重量。1 碗＝ 4 份＝糙米飯 1 碗（200g）＝全蕎麥、全燕麥 80g ＝全麥大饅頭 1 又 1/3 個（100g）＝全麥土司 1 又 1/3 片（100g）＝白米飯 1 碗＝熟麵條 2 碗。

懷孕時無節制吃，最容易胖到孕媽咪。可以依照孕媽咪懷孕前的體重來調整。若原本體重較輕者，其增加量可較多，若為原來體重較重者則其增加量不宜太多，應配合懷孕期間的體重增加曲線來攝取足夠的熱量。自懷孕的第二期及第三期起，每日熱量攝取應增加 300 大卡。而每個人每天所需要的總熱量，會依孕媽咪的年齡、活動量等等不同因素而調整。

建議懷孕期間體重增加，以每週增加 0.5 公斤，孕期總體重增加 10 ～ 14 公斤為宜。懷孕初期的體重建議增加 1 ～ 2 公斤即可；懷孕中期平均增加約 5 ～ 6 公斤；懷孕後期體重增加稍稍減緩，平均增加 4 ～ 6 公斤即可。

糯米（特別推薦）

糯米營養豐富，含有澱粉、鈣、磷、鐵、維生素 B1 及維生素 B2 等成分。有溫胃、補中益氣、補肺健脾、止瀉及增進胃腸功能，能夠緩解氣虛所致的盜汗、妊娠後腰腹墜脹感等症狀，對妊娠期頻尿亦有好的食療效果。

地瓜（特別推薦）

含維生素 A、維生素 C、鈣、磷、鐵等營養素，可與魚、肉、米麵、糖等酸性食物中和保持人體酸鹼平衡。可補氣虛、益氣力、健脾胃、強腎陰，還能刺激消化液分泌及胃腸蠕動，達到通便作用。非常適合作為孕媽咪的主食。

1～10 月

豆魚肉蛋類、低脂乳品類及油脂與堅果種子類食材推薦

1. 豆魚肉蛋類、低脂乳品類

　　這類食物提供蛋白質可以幫助細胞成長，促進組織生成。孕媽咪飲食中的蛋白質來源建議一半以上來自高生物價的蛋白質，可以優酪乳、優格、起司等代替牛奶。

　　根據衛生福利部國民健康署發布，孕媽咪在豆蛋魚肉類方面，每日建議攝取量為 4 ～ 6 份，懷孕後期增加 1 份；低脂乳品類每日建議攝取量 1.5 份。

　　豆蛋魚肉類 1 份＝毛豆 50g ＝無糖豆漿 1 杯＝傳統豆腐 80g 或嫩豆腐半盒（140g）＝小方豆乾 1 又 1/4 片（40g）＝魚 35g 或蝦仁 30g ＝雞肉 30g 或豬肉、羊肉、牛腱 35g ＝雞蛋 1 顆（55g）

　　低脂乳品類 1 份＝低脂或脫脂牛奶 1 杯（240cc）＝低脂或脫脂奶粉 3 湯匙（25g）。

2. 油脂與堅果種子類

　　動物性油脂因容易引起心血管方面的疾病，所以盡量少用。根據衛生福利部國民健康署發布，孕媽咪在油脂類及堅果類方面，每日建議攝取量為 3 ～ 6 份。1 份＝黃豆沙拉油、橄欖油、芥花油等各種烹調用油 1 茶匙（5g）＝瓜子 1 湯匙、杏仁果 5 粒、核桃仁 2 粒（7g）＝花生仁 10粒（80g）＝黑（白）芝麻 1 湯匙 +1 茶匙（10g）＝腰果 5 粒（8g）。

紅豆（特別推薦）

含蛋白質、食物纖維、鉀、鈣、鐵、鎂、錳、鋅等營養素，可清熱解毒、健脾益胃、通氣除煩，還有利尿、止瀉、消水腫等功效。其中鐵可使氣色紅潤、補血、促進血液循環、強化體力及增強抗力等，是孕媽咪的好夥伴。

芝麻（特別推薦）

含蛋白質、胡蘿蔔素、維生素 E、維生素 B 及鈣、磷、銅、鋅、硒等營養素。不但濃郁的香氣可促進食慾，對骨骼、牙齒及胎兒的發展也有良好的促進作用。內含大量油脂具有潤腸通便的效果，對便祕的孕媽咪有很好的療效。

蔬菜類、水果類食材推薦

蔬菜及水果這兩類食材可提供孕媽咪豐富的維生素及礦物質,在體內會進行生理調節作用,並輔助或參與許多酵素的活化及作用,有些食材本身也提供許多酵素,對胎兒的生長及發育皆有極大的幫助。

綠色蔬菜類(例如:芹菜、萵苣、花椰菜、莢豆類等)與部分水果(例如:橘子、葡萄、蘋果、草莓等)還可提供膳食纖維,可促進胃腸蠕動、幫助排便,避免便祕發生。因為有飽足感,熱量又低,所以體重增加太多的孕媽咪可以用這兩類食材來控制。

1. 蔬菜類

根據衛生福利部國民健康署發布,孕媽咪在蔬菜類方面,每日建議攝取量為 3 ～ 4 份,懷孕後期增加 1 份。1 份＝煮熟後相當於直徑 15 公分盤 1 碟＝收縮率較高的蔬菜如莧菜、地瓜葉等,煮熟後約占半碗＝收縮率較低的蔬菜如芥蘭菜、青花菜等,煮熟後約占 2/3 碗。

2. 水果類

根據衛生福利部國民健康署發布,孕媽咪在水果類方面,每日建議攝取量為 2 ～ 3 份,懷孕後期增加 1 份。1 份＝紅西瓜 1 片(365g)或小玉西瓜 1/3 個(320g)＝椪柑 1 個、木瓜 1/3 個(190g)＝香蕉(大 1/2 根、小 1 根,95g)。

黑木耳(特別推薦)

含蛋白質、膳食纖維、維生素 B2、鈣、鐵、多種胺基酸及多醣體等營養素。有滋潤強壯、清肺益氣、益胃、活血化瘀、潤躁等功效。對於孕媽咪的便祕、貧血、高血壓、腰腿疼痛、手足抽筋、痔瘡等症狀都有一定的助益。

蘋果(特別推薦)

含多種維生素、膳食纖維、鈣、磷、鐵、鉀、果膠等營養素,以及蘋果酸、奎寧酸等多種有機酸類。內含的鉀可使體內過多的鹽分排出,有助於降血壓;有機酸類可刺激胃腸蠕動和膳食纖維共同作用可利排便,以保持大小便暢通。

孕期少吃 8 大類食物

1. 酸性食物

妊娠早期胎兒的酸度低，酸性物質容易在胎兒組織中大量聚集，影響胚胎細胞正常發育。懷孕 2 週內不要吃。

2. 糖精及含糖精的食物

長期食用會對胃腸黏膜產生強烈刺激，易導致消化不良，造成營養吸收功能障礙，對母體及胎兒都會造成損害。

3. 生冷食物

孕媽咪食用寒涼食物易損傷脾胃，影響消化功能及鐵質吸收，並產生腹痛、腹瀉等症狀。

4. 霉變食品

胎兒各種器官功能尚未完善，霉菌素的侵害可能導致胎兒罹患肝癌、胃癌等，甚至停止發育而導致死胎、流產。

5. 罐頭食品

此類食品經高溫處理後，食物中的維生素及其他營養成分會受到一定程度的破壞，孕媽咪長期食用會造成營養不良。

6. 速食類食品

泡麵等速食類食品缺乏蛋白質、脂肪、維生素等胎兒發育所必需的營養素，會造成胎兒發育遲緩，出生後先天不足。

7. 大補食品

許多補品含有較多荷爾蒙，孕媽咪濫用會影響胎兒正常成熟並干擾生長發育，可能導致性早熟。

8. 高脂肪食物

孕媽咪長期大量食用此類食物，不僅易導致膽固醇囤積，還會增加催乳激素合成，誘發高血壓及罹患結腸癌、乳癌等。

龍眼
（少吃食物）

屬大熱食物，凡是陰虛內熱體質及患有熱性疾病者都不宜多食用。孕媽咪大多陰血偏虛，陰虛則產生內熱，因此往往會出現口乾、便祕、胎熱等症狀。此時食用太多龍眼不僅不能保胎，反而容易導致落紅、腹痛等先兆性流產症狀。

咖啡
（少吃食物）

含咖啡鹼會破壞維生素 B1，使人出現煩躁、疲勞、記憶力減退、便祕等症狀，嚴重時會導致神經組織損傷及浮腫。孕媽咪攝取過量，會影響胎兒骨骼發育，導致四肢畸形，也會增加流產、早產及寶寶體重過輕等可能性。

西瓜
（少吃食物）

屬寒涼食物，孕媽咪食用後會刺激子宮收縮，也會引起頭暈、心悸、嘔吐等症狀，因為含糖量高也易導致肥胖。

發霉馬鈴薯
（少吃食物）

發霉馬鈴薯含有龍葵毒素，即使用水浸、蒸煮等方式處理也不會消失。孕媽咪長期大量食用，會導致胎兒畸形。

螃蟹
（少吃食物）

屬極度寒涼食物，體質虛弱的孕媽咪食用後，可能導致腹痛、腹瀉，甚至流產，尤其是蟹爪，有明顯的墮胎作用。

生雞蛋
（少吃食物）

含抗生物素蛋白，大量攝取會阻礙人體對生物素的吸收，使人全身乏力、噁心、嘔吐，也易導致腹痛、腹瀉。

蜜餞
（少吃食物）

蜜餞製作過程中，會添加大量色素及防腐劑。孕媽咪將這些食品添加物吃進肚，不僅損害母體還會危及胎兒健康。

益母草
（少吃食物）

具有活血化瘀、利尿消腫的功效，會使子宮有明顯興奮作用及強力收縮，孕媽咪食用後，易造成胎兒流產、早產。

容易造成流產的 NG 食材

1. 薏仁

性質滑利，對子宮有興奮作用，會促使宮縮，引發胎兒早產及流產的可能性。其利水作用不僅止於利尿，也會把組織中的水分排出，間接使羊水變少，對胎兒極為不利。懷孕 7 ～ 10 個月的孕媽咪禁食。

2. 莧菜

屬寒涼、滑利食物，對子宮有興奮作用，會增加宮縮次數及強度，易導致早產及流產。懷孕 7 ～ 10 個月的孕媽咪禁食。

3. 山楂

懷孕後，孕媽咪體內會發生一連串的生理變化，出現食慾減退、噁心、嘔吐等反應，所以喜歡吃些酸性食物來緩解不適症狀。但不是所有酸味食物都適合孕媽咪食用，尤其是山楂，因為會刺激子宮，引發流產，因此孕媽咪應禁食。

4. 辣椒、花椒、芥末

以上食物都屬熱性食物，具刺激性，易造成腸道乾燥、便祕及宮縮，而導致胎兒躁動不安、流產、羊水早破、早產等。

5. 酒

孕媽咪即使是少量飲酒，也會影響胎兒的生長發育。如果大量飲酒會導致胎兒畸形、心臟發育不全、低智商及發展遲緩等，並會造成胎兒流產、早產及死產，因此孕媽咪禁食。

6. 甲魚

屬鹹寒食物，有很強的通血活絡、消結散瘀的作用，孕媽咪食用後可能會導致流產，尤其是甲魚殼，因此孕媽咪一定要禁食。

孕期非知不可

1. 避免長途旅行與出差

懷孕早期最重要的是確保胎兒能順利度過這段不穩定的危險期。因為出差和旅行所乘坐的交通工具都會使孕媽咪因久坐而發生水腫，還會使胎兒缺氧，十分不利於母嬰的健康，應盡量避免。

2. 預防感冒

注意氣候變化，適時增減衣物。出門在外多穿戴一些防護用具，如帽子、圍巾、手套、披肩、雨傘等。

3. 行的安全

外出要注意安全，不要爭搶過馬路和上下車。過於擁擠的公車不要著急上，且儘量避免自己開車。懷孕後期，儘量避免上下樓梯，最好乘坐電梯，以免增加子宮負擔，或因踩踏不穩發生意外。

4. 不洗冷水澡

孕媽咪在懷孕後抵抗力下降，體質會變得嬌弱，皮膚變薄，易受外界刺激罹患疾病。如果此時洗冷水澡很容易發生感冒，對母嬰健康十分不利。

5. 有人陪伴

準爸比有空應多陪伴孕媽咪，不要讓她單獨外出，且儘量少去人多擁擠的場所，避免感染病菌或受到碰撞、擠壓，發生危險。

Part 2

懷孕初期
養胎瘦孕飲食安排

懷孕之後，孕媽咪對營養的需求比未懷孕時
大大增加，除了自身需要的營養外，還要源
源不斷地供給肚子裡的胎兒生長發育所需的
一切營養。懷孕初期特別要注意補充葉酸，
每日建議量為 600 微克，葉酸主要作用為正
常細胞的複製與分裂，胎兒神經管的發育通
常在孕期初期，因此孕媽咪每天應該攝取足
夠的葉酸。

懷孕初期多多補充： 葉酸、維生素 B12

葉酸是目前少數已知能夠預防神經管畸形的營養素之一。懷孕初期孕媽咪如果沒有補充足夠的葉酸，易影響胎兒大腦和神經系統的正常發育，嚴重者會出現無腦兒和脊柱閉合不全等先天性畸形，還可能造成胎兒流產和早產。

一般綠葉蔬菜、動物肝臟、穀物類、豆類、堅果類、新鮮水果等都含有葉酸。長期服用葉酸會導致鋅不足，也會影響胎兒發育，因此服用葉酸時也要注意適當補充鋅，如牡蠣、鮮魚、牛肉、黃豆等食物。建議孕媽咪每日攝取 15 毫克的鋅、600 微克的葉酸。

維生素 B12 的主要功能是參與製造骨髓紅血球，是人體的三大造血原料之一，可防止惡性貧血和大腦神經受到破壞。如果孕媽咪缺乏維生素 B12，容易導致妊娠惡性貧血，伴隨噁心、頭痛、記憶力減退、精神憂鬱、消化不良、反應遲鈍等症狀，這些問題會引起胎兒極為嚴重的先天性缺陷。

因為維生素 B12 廣泛存在於動物性食物中，植物性食物中基本上沒有維生素 B12。長期吃素、先天缺乏維生素 B12 及不愛吃肉的孕媽咪，一定要注意補充乳製品（如優酪乳、優格、起司等）和蛋類食物，或遵照醫師囑咐服用維生素 B12 營養劑片。

菠菜（葉酸）

味甘、性涼，具有養血止血、斂陰潤燥的功效。除了含有鐵和鈣質外，其葉酸含量是葉菜類之首，尤其根部含量最高。不僅對孕媽咪的缺鐵性貧血有改善作用，還能增強抵抗傳染病的能力，並能促進胎兒生長發育。

豬肝（維生素 B12）

味甘、苦，性溫，歸肝經，含有多種營養素。除可維持人體正常生長和生殖機能，預防眼睛乾澀、疲勞外，還可調節和改善貧血病人造血系統的生理功能，對於孕媽咪因懷孕導致營養素補充不足而貧血者，有很好的補益作用。

1~3 月

懷孕初期養胎瘦孕 1 日食譜

懷孕初期對孕媽咪及胎兒來説是最重要的時期。孕媽咪會出現與往日不同的生理特徵，如月經停止、乳房隆脹、子宮變得柔軟或者感覺不舒服。孕媽咪也會因新陳代謝加快，導致免疫系統相對調整，以及荷爾蒙濃度升高，接著乳頭及乳暈顏色變深、略感疼痛。肚子隆起不明顯，陰道中流出的乳白色分泌物逐漸增加，基礎體溫仍然偏高。

孕媽咪會出現害喜現象，包括：頭暈、頭痛、噁心、嘔吐、無力、容易疲倦、嗜睡、口水增多等症狀，飲食嗜好也會改變。

此期是胎兒重要器官形成的關鍵時期，倘若母體的營養供給不足，很容易發生流產、死胎和胎兒畸形等情況。因此，孕媽咪的飲食調養工作非常重要，絕對不能偏食或節食。

孕媽咪的飲食要供應優質的蛋白質、礦物質及維生素，並適當增加熱量的攝取，提供全面適當的營養。膳食也要符合孕媽咪的口味，並應注意少量多餐，食材新鮮，食物烹調要清淡爽口，避免食用過分油膩和刺激性強的食物，不要吃單一主食及反季節的蔬菜，咖啡、茶、可樂等飲品也要節制。嘔吐嚴重的孕媽咪可多吃蔬菜、水果、蘇打餅等鹼性食物，可緩解症狀。

初期養胎瘦孕飲食安排

早餐 竹筍瘦肉粥 (P22)

蒜蓉空心菜 (P34)

早點 水果 1 份

午餐 花椰菜燉飯 (P21)

枸杞皇宮菜 (P32)

金針蘆筍雞絲湯 (P30)

午點 蜜棗南瓜 (P135)

晚餐 鮮滑魚片粥 (P27)

蠔油芥蘭 (P36)

香煎雞腿南瓜 (P40)

晚點 木瓜牛奶 (P136)

鮭魚炒飯

 1~3 月 20 MIN

粉嫩的米飯吸附鮭魚的鹹香味以及豌豆仁的脆甜，
可以讓孕媽咪食慾大開，提振精神。

材料（1人份）

白飯 150g　鮭魚 40g
青豆仁 75g　蔥花適量
蒜末適量

調味料

米酒適量　黑胡椒粒適量
鹽適量

1 備好材料
鮭魚去骨後切碎末；青豆仁洗淨
瀝乾，備用。

2 爆香材料
熱油鍋，放入鮭魚末，淋入米酒，
炒至表面金黃，再放入蒜末、蔥
花爆香。

3 拌炒均勻
倒入青豆仁拌炒，最後將白飯倒
入拌炒均勻，加鹽、黑胡椒粒調
味即可。

花椰菜燉飯

1~3月　20 MIN

熬到綿軟的米飯，伴隨著淡淡飄散的奶香，
好入口、易消化，有助於撫慰孕媽咪懷孕初期的焦慮感。

材料（1人份）

白飯 1 碗　綠花椰菜 50g
牛奶 40cc

調味料

鹽適量

1 備好材料

綠花椰菜洗淨後，切小朵備用。

2 汆燙材料

燒一鍋滾水，加少許鹽，放入綠花椰菜汆燙至軟嫩後，撈起備用。

3 小火熬煮

在鍋裡放入白飯，倒入水，用大火煮開後轉小火，一邊煮一邊攪拌，待水分所剩無幾時，倒入牛奶持續攪拌至湯汁收乾，最後加入綠花椰菜攪拌均勻，並加鹽調味即可。

營養重點

綠花椰菜富含維生素 C、礦物質和 β-胡蘿蔔素等營養素，可防癌及增加免疫力；也含有大量的維生素 A，可強化黏膜抵抗力，有效阻擋感冒等細菌感染。

竹筍瘦肉粥

 1~3 月　 20 MIN

豬腿肉即便以切成肉絲,仍不減扎實的 Q 彈度,
搭配上綠竹筍爽脆清甜,以最低的負擔供給孕媽咪養胖寶的養分。

材料（1 人份）

白米粥 1 碗	豬腿肉 60g
竹筍 1/2 支	鮮香菇 1 朵
芹菜末 40g	紅蘿蔔 40g
紅蔥酥 40g	蝦米 40g
大骨高湯 3 杯	

調味料

鹽 1 小匙　白胡椒粉少許

1 備好材料
竹筍、香菇洗淨,切絲;紅蘿蔔去皮,洗淨切絲;豬腿肉切絲。

2 汆燙材料
燒一鍋滾水,加少許鹽,放入豬腿肉汆燙去血水,撈起備用。

3 爆香材料
熱油鍋,放入蝦米,以小火炒香後,加入 作法 1、2 的材料以及大骨高湯,繼續以中火將湯汁煮滾。

4 攪拌均勻
將白米粥倒入鍋中攪拌均勻,加鹽、白胡椒粉調味,起鍋盛入容器後,再撒入芹菜末、紅蔥酥即可。

香菇瘦肉粥

1~3月　40 MIN

沁人心脾的香菇香氣，每一口粥及香菇都蘊含豬肉精華，
是道讓人忍不住一口接一口的用心粥品。

材料（1人份）

白飯 1 碗　豬絞肉 200g
乾香菇 2 朵　蔥 1 支
香菜適量　芹菜適量

調味料

鹽適量　白胡椒粉少許
香油少許

1 備好材料

乾香菇泡水，待軟化後切薄片；蔥洗
淨，切成蔥花；芹菜洗淨切末備用。

2 醃漬豬絞肉

豬絞肉中加入鹽、香油、白胡椒粉攪
拌均勻，醃漬約 20 分鐘。

3 小火熬煮

將白飯加入滾水中煮至稠狀，再加入
豬絞肉、香菇及蔥花，煮 10 分鐘，
起鍋前加鹽調味，並撒上香菜和芹菜
末即可。

營養重點

香菇是低熱量、高蛋白、高
纖維食物，含有多種優質胺
基酸、維生素，所含有的胺
基酸利得寧，經攝取後會促
進體內的膽固醇排泄。

23

海鮮粥

1~3
月

20
MIN

濃濃的海味,在鮮紅蝦子的襯托下更顯鮮美可口,
此道粥用海洋的豐富營養,來陪伴孕媽咪滋補養胎所需的養分。

材料(1人份)

白飯 1 碗　蝦子 50g
透抽 200g　蛤蜊 100g
油蔥酥 1 小匙　芹菜適量

調味料

鹽適量

1 備好材料

蝦子洗淨,去腸泥;透抽洗淨,
切小塊;蛤蜊洗淨,泡鹽水吐沙;
芹菜洗淨,切末。

2 爆香材料

熱油鍋,爆香油蔥酥,炒至香氣
出來即可盛出備用。

3 烹調粥品

燒一鍋滾水,放入白飯煮成粥狀,
依序放入透抽、蝦子、蛤蜊、油
蔥酥,煮到蛤蜊開口、蝦子變色,
起鍋前加鹽調味,撒上芹菜末即
可。

芋頭粥

綿軟的芋頭，經過紅蔥酥與芹菜末的提味，更顯得香氣四溢，
白粥和芋頭也熬煮的完美結合，令人想一碗接一碗品嘗。

材料（1人份）

- 白飯 1 碗　豬絞肉 100g
- 芋頭 1/2 顆　乾香菇 2 朵
- 紅蔥酥 1 小匙　芹菜適量

調味料

鹽 1 小匙

1 備好材料

乾香菇泡水，待軟化後切薄片；芋頭去皮，切小塊；芹菜洗淨，切末。

2 炒香材料

起油鍋，爆香香菇，加入豬絞肉炒至變色，再放入芋頭炒至略微變色且飄出香氣，盛出備用。

3 烹調粥品

燒一鍋滾水，將炒過的材料放入鍋中，以大火煮 5 ～ 10 分鐘，待芋頭熟透，放入白飯煮軟，起鍋前加鹽調味，盛碗後加入紅蔥酥、芹菜末即可。

營養重點

芋頭富含能夠吸附膽酸、加速膽固醇代謝、促進腸胃蠕動的膳食纖維，還含有助於血壓下降的鉀、保護牙齒的氟等多種維生素與礦物質。

菠菜蛤蜊粥

1~3 月　20 MIN

味噌的鹹香凸顯蛤蜊肉的鮮美，濃郁的精華都在粥裡，
爽口高纖的菠菜更增添粥品的口感。

QRcode

掃一掃 · 輕鬆學

材料（1人份）

白飯 1 碗　蛤蜊肉 70g
菠菜 160g　蔥適量
薑末適量　蒜末適量

調味料

米酒適量　香油少許
鹽少許

1 備好材料

菠菜挑揀清洗後，切小段；蛤蜊肉
洗淨後，瀝乾；蔥洗淨，切成蔥花。

2 爆香材料

熱鍋中放入香油，小火爆香薑末、
蒜末，放入蛤蜊肉、米酒拌炒。

3 烹調粥品

加入白飯、適量的水，煮成白粥
後，放入菠菜，並加鹽調味，煮熟
後淋上香油、撒上蔥花即可。

鮮滑魚片粥

 1~3 月　 100 MIN

魚肉柔軟無刺，粥品濃郁香醇，尤其經過小火熬煮，
魚肉更是入口即化，就是要讓孕媽咪齒頰留香。

材料（1人份）

白米 1 杯　草魚肉 100g
豬骨 200g　豆皮 40g
薑絲適量　蔥花適量

調味料 A

太白粉適量　白胡椒粉少許
米酒少許

調味料 B

香油適量　白鹽適量

1 備好材料

豬骨洗淨，敲碎；豆皮用溫水泡軟；白米洗淨後，用水泡開；草魚肉洗淨，斜切成大片。

2 醃漬草魚

將調味料 A 加入草魚肉中拌勻，醃漬 5 分鐘入味。

3 小火熬粥

將豬骨、白米、豆皮放入砂鍋，加入適量清水，大火煮滾後，改小火慢熬 1.5 小時，挑出豬骨後，將醃漬過的草魚倒入粥內，煮至魚肉熟軟，再加鹽調味，起鍋前淋入香油即可。

白菜排骨湯

白菜綿軟，湯頭加上蔥與薑的提味，更顯得清甜不膩，
每喝一口都可提振孕媽咪的精神。

QRcode

掃一掃・輕鬆學

材料（1 人份）

> 豬排骨 300g　白菜 100g
> 蔥段適量　薑片適量

調味料

> 米酒適量
> 鹽適量

1 備好材料

白菜洗淨，切片；豬排骨洗淨，剁
成小段。

2 汆燙排骨

燒一鍋滾水，加少許鹽，放入豬排
骨汆燙去血水，撈起備用。

3 砂鍋熬湯

砂鍋加水煮滾，先放白菜墊底，再
放入豬排骨、蔥段、薑片、米酒，
用大火煮滾後，蓋上鍋蓋，轉中火
燜煮 20 分鐘後，加鹽調味即可。

菠菜魚片湯

  1~3月　60 MIN

肥美的鱸魚，肉質鮮嫩、味道鮮美，菠菜高纖、富含礦物質，
這道菜可讓孕媽咪吸收到豐富的蛋白質與補血所需的營養。

材料（2人份）

鱸魚肉 250g　菠菜 100g
蔥段適量　薑片適量

調味料

米酒適量　鹽適量

1 備好材料

菠菜挑揀，清洗後，切小段；鱸魚肉
洗淨，切成薄片。

2 醃漬鱸魚

鱸魚加米酒、鹽醃漬 30 分鐘入味。

3 烹煮湯品

鍋子加油燒熱，放入蔥段、薑片爆
香，將魚片略煎，加水煮滾後，轉小
火燜煮 20 分鐘，最後撒入菠菜段，
加鹽調味即可。

營養重點

鱸魚所含的蛋白質質優、齊
全、易消化吸收，可健脾利
溼，和中開胃。

金針蘆筍雞絲湯

1~3月　35 MIN

蘆筍翠綠，富含的鈣與維生素可以強健孕媽咪的骨骼與補充體力，
金針菇與雞絲入味，讓湯頭更是鮮甜，要孕媽咪愛不釋手。

材料（2人份）
雞胸肉 100g　蘆筍 100g
金針菇 20g

調味料 A
蛋白 1 顆　太白粉適量
白胡椒粉適量

調味料 B
鹽適量

1 備好材料
蘆筍洗淨，瀝乾，切段；金針菇洗
淨，瀝乾；雞胸肉洗淨，切絲。

2 醃漬雞肉
雞肉絲加入調味料 A 拌勻，醃漬 20
分鐘入味。

3 烹煮湯品
鍋中放入清水，加入所有材料同煮，
待煮滾後加鹽調味即可。

營養重點

蘆筍含有多種維生素和礦物
質，以鈣、鐵、磷、鉀為主。
可使骨骼強健，並能維持骨
骼及牙齒的發育。

小白菜丸子湯

1~3 月　　15 MIN

湯頭清爽順口，肉丸子味美多汁，
還有小白菜帶來孕媽咪身體所需的鈣與膳食纖維。

材料（2 人份）

豬絞肉 150g　蛋 1 顆
小白菜 200g

調味料

米酒適量　鹽適量

1 備好材料

小白菜洗淨，切段備用。

2 調製肉餡

豬絞肉加入米酒、鹽、蛋攪拌均勻，
調成肉餡。

3 烹調湯品

燒一鍋滾水，轉小火，將肉餡用湯匙
舀成丸子狀，放入鍋中，待煮熟後，
撈出浮沫，再加入小白菜續煮，煮滾
後加鹽調味即可。

營養重點

小白菜含鈣量高，也富含膳
食纖維，能促進腸壁的蠕動，
幫助腸胃消化，還能防止大
便乾燥，且有利尿作用。

枸杞皇宮菜

1~3月　10 MIN

艷紅的枸杞點綴於翠綠的皇宮菜間，
淋上蠔油、香油提香助威，讓人有大快朵頤的衝動。

材料（2人份）

- 皇宮菜 240g
- 枸杞適量

調味料

- 蠔油 2 大匙　香油適量
- 鹽適量

1 備好材料

將皇宮菜洗淨，切去較硬的根部。

2 汆燙材料

燒一鍋滾水，放入鹽，先放入皇宮菜汆燙，再放入枸杞續煮，滾 3 分鐘後撈出瀝乾。

3 盛盤前調味

煮熟的材料放入碗中，加入蠔油拌勻，淋上香油，即可盛盤。

營養重點

枸杞含有枸杞多糖、蛋白質、游離胺基酸、牛磺酸、維生素 B、E、C、β-胡蘿蔔素、鉀、鈉、鈣、鎂、鐵、銅、錳、鋅、硒等多種營養。

鮮筍炒雞絲

 1~3 月　 15 MIN

滑口的雞胸肉與清脆的冬筍絲，每一口都顧及營養與健康，
讓孕媽咪體內大掃除，吃起來沒負擔。

材料（1人份）

雞胸肉 100g　冬筍 50g
紅甜椒 30g　蛋白 1 顆
高湯適量

調味料

太白粉適量　米酒適量
薑汁適量　鹽適量

1 備好材料

雞胸肉洗淨，切成絲；冬筍洗淨，
切成細絲；紅甜椒洗淨，去籽，
切絲。

2 醃漬雞胸肉

雞胸肉中加入鹽、太白粉、米酒
攪拌均勻，醃漬 5 分鐘入味。

3 雞肉絲過油

熱一鍋油，放入雞肉絲，迅速用
筷子撥散，直到雞肉絲變白後立
刻取出，瀝乾油備用。

4 拌炒均勻

熱鍋中放入高湯，煮滾後加入冬
筍絲、鹽、薑汁、米酒，湯滾後
撈去浮沫，待湯汁濃稠時，加入
雞肉絲、紅甜椒絲拌炒均勻即
可。

蒜蓉空心菜

1~3 月　10 MIN

微嗆的蒜蓉與爽脆的空心菜，口感多樣，
沒有太繁複的烹調過程，確確實實為孕媽咪呈現食物的原味。

材料（2 人份）

空心菜 400g　蒜蓉適量

調味料

鹽適量

1 備好材料

空心菜挑去老葉，切去根部，洗淨
瀝乾，切成 3 公分的長段。

2 爆香材料

熱油鍋，燒至 5 分熟時，放入一半
的蒜蓉炒出香味。

3 大火快炒

加入空心菜，轉大火炒至 8 分熟時，
加鹽以及剩下的蒜蓉，翻炒拌勻即
可。

營養重點

空心菜富含膳食纖維及粗纖
維，也具有利尿及消腫的功
效，能改善糖尿病患者的症
狀，同時，可促進胃腸蠕動，
改善便祕，降低膽固醇。

薑絲龍鬚菜

龍鬚菜味道清香，口感清脆、嫩滑，富含葉酸和鐵質，
孕媽咪多吃對自己和胎兒都好處多多。

材料（2人份）

龍鬚菜 350g
薑絲適量

調味料 A

香油適量　白醋適量
鰹魚醬油適量　糖適量
鹽適量

調味料 B

香油適量

1 備好材料

龍鬚菜洗淨，切去較硬的根部，
切小段。

2 汆燙龍鬚菜

燒一鍋滾水，放入龍鬚菜汆燙，
再加入薑絲略煮後，一起撈出瀝
乾，放入碗中。

3 盛盤前調味

龍鬚菜和薑絲加入調味料 A 攪拌
均勻，最後淋上香油，即可盛盤。

蠔油芥蘭

1~3月 10 MIN

芥蘭脆嫩、清甜，撒上柴魚片更顯鮮美，
可為孕媽咪補充大量維生素 C，讓孕媽咪維持好氣色。

材料（2 人份）

芥蘭菜 350g　薑末適量
柴魚片適量

調味料

蠔油 1 大匙　糖 1 小匙

1 備好材料
芥蘭菜洗淨，切成段。

2 汆燙材料
燒一鍋滾水，放入芥蘭菜汆燙，
撈出瀝乾備用。

3 大火快炒
熱油鍋，放入芥蘭菜拌炒，再加
蠔油、糖翻炒均勻，即可盛盤。

4 撒上柴魚片
在炒好的芥蘭菜上面撒上柴魚片，
即可享用。

開陽白菜

1~3
月

10
MIN

包覆蝦米鮮美海味的白菜，口口滑順，不膩口又好消化，
這道菜用輕鬆的負擔幫孕媽咪補充所需的多重營養。

材料（2人份）

- 大白菜 100g
- 蝦米 10g

調味料

- 太白粉適量
- 鹽適量

1 備好材料

白菜洗淨，切成小段；蝦米用水泡軟，
洗淨瀝乾。

2 快速翻炒

熱油鍋，放入蝦米炒香，再加入白菜
快速翻炒至熟，並加鹽調味，最後以
太白粉水勾芡即可。

營養重點

白菜含有豐富的維生素C、
維生素A、鉀、鎂、非水溶
性膳食纖維等營養素。鉀含
量超過高麗菜，其中以芯的
部分最多。

絲瓜金針菇

1~3月　10 MIN

金針菇與絲瓜合拍的鮮甜好滋味，以簡單的調味方式呈現食物原味，
既可增加飽足感，所含的營養也讓孕媽咪跟胎兒都能頭好壯壯。

材料（2 人份）

絲瓜 250g　金針菇 100g
吻仔魚 20g　薑絲適量

調味料

太白粉水適量　鹽適量

1 備好材料

絲瓜洗淨，去皮切長條狀；金針菇
洗淨，切去根部。

2 拌炒均勻

熱油鍋，放入薑絲爆香，再加入吻
仔魚、絲瓜、金針菇、鹽拌炒均勻，
接著加入適量水。

3 大火悶煮

蓋上鍋蓋，以大火燜煮 5 分鐘至食
材熟透，起鍋前用太白粉水勾芡即
可。

絲瓜溜肉片

 1~3 月　 15 MIN

肉質鮮嫩的肉片，伴隨微酸的醋香味，可引發食慾，
絲瓜不僅有甜味也吸收了肉汁精華，讓孕媽咪好膚質、好氣色。

材料（2 人份）

絲瓜 150g　豬瘦肉 100g
薑絲適量　蔥段適量

調味料 A

太白粉適量　米酒適量
鹽適量

調味料 B

白醋適量　鹽適量

1 備好材料

絲瓜洗淨，去皮切片；豬肉洗淨，
切成薄片。

2 醃漬豬肉

豬肉加調味料 A 醃漬 10 分鐘。

3 拌炒均勻

熱油鍋，爆香蔥段、薑絲，放入
豬肉片炒至變白，再放入絲瓜、
少許水，煮滾後加鹽、白醋調味，
拌炒均勻即完成。

香煎雞腿南瓜

1~3 月 30 MIN

香香甜甜的南瓜，悶軟後也將甜味感染鮮嫩多汁的 Q 彈雞腿肉，
兩者的好滋味要顧好孕媽咪的免疫力跟骨骼。

QRcode

掃一掃 · 輕鬆學

材料（1 人份）🍴

- 去骨雞腿 1 支　南瓜 130g
- 洋蔥絲 1/2 顆　麵粉適量

調味料 A

- 白醋 1.5 大匙
- 糖 1 大匙

調味料 B

- 米酒 1 大匙　鹽 0.5 小匙
- 薑末 1 大匙　太白粉適量

1 備好材料

調味料 A 拌勻備用；南瓜洗淨，去皮切薄片；洋蔥洗淨，去皮切絲；雞腿肉洗淨切塊。

2 醃漬雞腿肉

雞腿肉加入調味料 B 醃漬 20 分鐘入味。

3 香煎雞腿肉

熱油鍋，將醃好的雞肉表層裹上麵粉，下鍋煎至表面金黃，撈起備用。

4 拌炒均勻

原鍋中放入洋蔥炒軟，加入拌勻的調味料 A，再放入南瓜微微炒軟，加點水燜一下，最後加入雞肉拌炒一下，即可盛盤。

南瓜炒肉絲

1~3
月

15
MIN

蔬菜的天然甜滋味與豬肉絲結合，讓豬肉絲顯得清爽不油膩，
豐富的鈣質與蛋白質營養素，鞏固孕媽咪跟胎兒的健康。

材料（2 人份）

南瓜 250g　豬肉絲 45g
薑片 15g　蔥花適量

調味料

醬油適量

1 備好材料

南瓜洗淨，去皮和籽，切成斜片；
豬肉絲洗淨，瀝乾備用。

2 爆香食材

熱油鍋，爆香薑片，放入肉絲拌
炒 1 分鐘。

3 拌炒均勻

加入南瓜，翻炒 2 分鐘，加醬油
和水，蓋鍋蓋煨煮一下，待南瓜
熟軟，起鍋前加入蔥末即可。

金錢蝦餅

金黃酥香的蝦餅，每一口都隱含荸薺的甜脆口感，
讓孕媽咪透過好料理幸福養胎。

材料（2 人份）

- 蝦仁 250g
- 荸薺 4 顆

調味料

- 蛋白 1 顆　太白粉 1 小匙
- 米酒 1 小匙　薑末 1/4 小匙
- 鹽 1/4 小匙

1 備好材料

蝦仁洗淨去腸泥，壓成泥狀後剁碎；荸薺洗淨，放進塑膠袋中用刀背剁碎。

2 準備餡料

蝦泥和所有調味料放進裝有剁碎荸薺的塑膠袋，一起攪拌至出現黏性。

3 餡料塑形

將拌好的餡料分成大小一致的小糰，再整成圓餅狀。

4 香煎蝦餅

熱油鍋，放入蝦餅，以中小火煎至兩面金黃熟透即可。

豆苗炒蝦仁

 1~3 月　 10 MIN

豆苗色澤青嫩，清香脆爽，蝦仁色澤紅嫩，口感彈牙，
不僅色香味俱全外又富含各式營養素，讓孕媽咪越吃越美麗。

材料（2 人份）

豆苗 200g
蝦仁 25g

調味料

醬油適量
鹽適量

1 備好材料

豆苗挑揀後，洗淨，切段；蝦仁洗淨
去腸泥。

2 香炒蝦仁

熱油鍋，放入豆苗炒至半熟，然後把
蝦仁倒進去同煮，加鹽和醬油，略炒
至入味即可。

營養重點

蝦有豐富的蛋白質、礦物質，
其中鎂對心臟活動具有重要
的調節作用，防止動脈硬化，
有利於預防高血壓及心肌梗
塞。

海味時蔬

1~3月　15 MIN

色彩繽紛的美味料理，鮮蔬爽脆，蝦子、花枝肉質彈嫩，
陣陣撲鼻的海洋鮮味引人垂涎欲滴。

材料（2人份）

剝殼蝦 5 隻　花枝 70g
鯛魚 50g　黃甜椒 30g
荷蘭豆 50g　竹筍 80g
薑末適量

調味料 A

淡色醬油適量
米酒適量

調味料 B

香油各適量
鹽適量

1 備好材料

竹筍洗淨，切片；黃甜椒洗淨，
去籽，滾刀塊；花枝洗淨，切
斜片；鯛魚洗淨，切斜片；荷
蘭豆洗淨，去蒂頭粗絲。

2 汆燙材料

燒一鍋滾水，加入少許鹽，汆
燙竹筍、荷蘭豆，撈出後，再
汆燙蝦子、花枝、魚片，撈出
備用。

3 香炒海味

熱油鍋，爆香薑末，先下蔬菜
翻炒，再加入海鮮、調味料 A、
黃甜椒翻炒，起鍋前，淋入少
許香油即可。

蘑菇雞片

蘆筍的脆、蘑菇的甜,更增添雞胸肉的清爽,是道能量滿溢的料理,
能幫助孕媽咪保持好心情,還能促進胎兒神經細胞發育。

材料(2人份)

- 雞胸肉 150g　蘑菇 70g
- 蘆筍 50g　高湯適量

調味料 A

- 蛋白 1 顆　太白粉適量
- 淡色醬油適量

調味料 B

- 香油適量　米酒適量
- 鹽適量

1 備好材料

雞胸肉洗淨,切片;蘑菇洗淨,對
半切開;蘆筍洗淨,切斜段。

2 醃漬雞肉

雞胸肉片中加入調味料 A 醃漬入味。

3 香炒雞肉片

起油鍋,將雞肉片略炒至變白,放
入蘑菇、蘆筍翻炒,加米酒、鹽拌
炒均勻,再加入高湯煮滾後,起鍋
前淋上香油即完成。

營養重點

蘑菇富含鋅、鎂、鐵、鈣、
葉酸、膳食纖維及豐富的維
生素 B 群,可提高免疫力、
止咳化痰、通便排毒、促進
食慾。

鮮蝦蘆筍

1~3 月 　 15 MIN

加了薑片更凸顯鮮蝦的鮮甜味，炸過的鮮蝦，口感更是 Q 彈，
翠綠的蘆筍，有益胎兒健康發育，更能提升孕媽咪的新陳代謝。

材料（2 人份）
- 草蝦 100g　蘆筍 200g
- 薑片適量　雞湯適量

調味料 A
- 太白粉適量
- 米酒適量

調味料 B
- 太白粉水適量　蠔油適量
- 鹽適量

1 備好材料
草蝦去殼，挑去腸泥；蘆筍洗淨，切長段。

2 醃漬鮮蝦
鮮蝦先用調味料 A 拌勻，醃漬 5 分鐘入味。

3 汆燙蘆筍
燒一鍋滾水，放入蘆筍汆燙至熟，撈出瀝乾，盛盤備用。

4 香煎鮮蝦
起油鍋，將蝦肉煎至兩面金黃，取出備用。

5 香炒鮮蝦
另起油鍋，爆香薑片，加入鮮蝦、雞湯、蠔油及鹽，待湯汁收濃，以太白粉水勾芡，起鍋澆在已裝盤的蘆筍上即可。

蝦仁豆腐

1~3 月　15 MIN

飽富蝦仁鮮味的軟綿豆腐，搭配肉質彈牙的蝦仁，在口中真是絕妙滋味，
此道菜以最低的負擔，滋養孕媽咪及胎兒最需要的養分。

材料（1 人份）

- 豆腐 200g
- 蝦仁 50g

調味料 A

- 蛋白適量　太白粉適量
- 鹽適量

調味料 B

- 太白粉水適量　香油適量
- 鹽適量

1 備好材料

豆腐切丁；蝦仁去腸泥，沖洗乾淨。

2 汆燙豆腐

燒一鍋滾水，汆燙豆腐，將豆腐定型。

3 醃漬蝦仁

蝦仁加入調味料 A 拌勻，醃漬 5 分鐘入味。

4 拌炒均勻

熱油鍋，放入蝦仁、豆腐丁、少許水，煮滾後加鹽調味，續煮至湯汁略收乾，以太白粉水勾芡，起鍋前淋上香油即可。

香烤鮭魚

1~3 月

40 MIN

淋上檸檬汁沒有腥味的烤鮭魚，充滿著九層塔香氣的酥香與幸福口感，
鮭魚中特殊的營養成分，讓孕媽咪放心的越吃越苗條。

材料（2 人份）

鮭魚 1 片　九層塔適量

調味料 A

白醋適量　白酒適量
鹽適量

調味料 B

檸檬汁適量

1 備好材料

鮭魚洗淨；九層塔洗淨，剁碎。

2 醃漬鮭魚

將調味料 A 均勻塗抹在魚身上，醃
漬 20 分鐘入味。

3 香烤鮭魚

將剁碎的九層塔平鋪在鮭魚上，再
將魚放入烤箱烤至表面呈金黃色，
且魚肉熟透，食用時淋上檸檬汁即
可。

營養重點

鮭魚富含不飽和脂肪酸，因
此具有降低血膽固醇、活化
腦細胞，以及預防心血管、
視力減退及疾病等功效。

冬瓜燉肉

1~3 月　30 MIN

鹹香下飯的好滋味，不論拌飯、拌麵都是令人胃口大開的好搭配，
冬瓜利水的功效可以當孕媽咪舒緩水腫的好幫手。

材料（2 人份）

豬絞肉 300g　醬冬瓜 1 罐
蒜末適量

調味料

米酒適量　太白粉適量

1 備好材料
取出醬冬瓜，切成小丁。

2 拌勻肉餡
豬絞肉中加入冬瓜丁、蒜末、米
酒、太白粉，抓拌均勻至出現黏
性。

3 放入電鍋
將拌好的肉餡放在容器中，稍加
按壓定型，放入電鍋，外鍋加 1
杯水，蓋上鍋蓋，按下開關，蒸
至開關跳起即可。

菠菜炒肉末

1~3 月

15 MIN

油亮的綠色菠菜，柔滑、軟嫩好入口，
本道菜有豐富的鐵質，懷孕初期有頭暈症狀的孕媽咪可以多吃喔！

材料（2 人份）

豬絞肉 50g　菠菜 200g
蒜末適量

調味料

香油適量　鹽適量
糖適量

1 備好材料

菠菜挑揀後，洗淨切段。

2 汆燙菠菜

燒一鍋滾水，放入菠菜汆燙至 8
分熟，撈起瀝乾。

3 拌炒均勻

熱油鍋，爆香蒜末，放入豬絞肉，
用小火翻炒至變白，再放入菠菜
段炒勻，接著加鹽、糖調味，起
鍋前淋上香油即可。

Part 3

懷孕中期
養胎瘦孕飲食安排

進入懷孕中期，孕媽咪必須增加熱量及各
種營養素。因此除了蛋白質外，需要補充
鐵、鋅、碘、鈣，以及維生素 A、維生素 D、
維生素 E、維生素 B1、維生素 B2、維生素
C 等，以促進胎兒神經、大腦、骨骼和牙
齒等的發育。

懷孕中期多多補充：
鈣質、維生素 D

維生素 D 主要來自兩個途徑，一個是透過陽光照射皮膚中的脂肪轉化合成，另一個是經由攝取食物吸收。這兩種維生素 D 都沒有活性，必須經過肝臟處理及一連串化學反應，才能對血液中的鈣產生代謝作用，並幫助血液將鈣運送至骨骼。

因為接下來即將迎來胎兒的快速成長期，因此孕媽咪要提早開始補鈣的工作。如果此時孕媽咪缺鈣，不僅容易導致骨質軟化、腿抽筋、牙齒鬆動、四肢無力、關節疼痛、頭暈、骨盆疼痛、妊娠高血壓等不適，還會影響胎兒的智力、神經系統、骨骼等處發育不全，造成胎兒天生性缺陷。

因此懷孕中期，孕媽咪每日需要攝取 1000 毫克的鈣質，主要從牛奶、優酪乳及起司等攝取，也可多吃富含鈣質的食物。

此外，孕媽咪在補鈣的過程中要特別注意，同時要補充磷，才能促進鈣質吸收；要和鐵分開補充，否則會相互影響吸收率，兩者最好間隔 1 小時以上；平日多晒太陽，才能得到足夠的維生素 D，促進鈣質吸收。平日飲食時必須注意，不要將富含鈣的食物與富含草酸的食物一同食用，如菠菜、茭白筍、竹筍等，這些食物容易造成鈣質流失。

牛奶（鈣質）

牛奶具有生津止渴、滋潤腸道、清熱通便、補虛健脾等功效。其所含的鈣質是人體鈣的最好來源，在人體內極易被吸收。而且鈣磷比例合適，是促進胎兒骨骼發展最理想的營養食品，十分適合孕媽咪飲用。

乾香菇（維生素 D）

乾香菇含有多種維生素及 6 種多醣體，太陽晒過的香菇更含有多量維生素 D，可防治營養不良、貧血、佝僂症、慢性消化不良等疾病。多食用可讓孕媽咪面色紅潤、氣血充盈、容光煥發，還可增強免疫力，減少感冒。

4~6 月

懷孕中期養胎瘦孕 1 日食譜

順利進入懷孕中期，孕媽咪終於可以長舒一口氣了，這將是孕媽咪感到最為舒適和愜意的 3 個月，也是相對來說最為安全的時期。

在這個階段，胎兒越來越活躍，使孕媽咪能從體外感受到胎動。胎兒的身體器官和功能也在不斷完善中，能聽到來自外界的聲音，也能感受到光線的強弱，更多的親子互動和胎教可以在這一階段進行。孕媽咪記得把握好孕期這段最難得的美好時光喔！

進入懷孕中期，除了要注意補充蛋白質和鐵元素外，還要注意補充鋅、碘、鈣和維生素 D，以促進胎兒神經、大腦、骨骼和牙齒等發育。孕媽咪每日要攝取 15 毫克左右的鋅，200 微克左右的碘，15 毫克的鐵質，355 毫克的鎂，400 微克的葉酸，以及 1000 毫克的鈣。每日需增加 300 大卡的熱量。

此外，孕媽咪也可以在醫師的指導下，透過服用孕媽咪多種維生素製劑和微量元素製劑來補充營養。當然，如果經過檢測孕媽咪不缺乏營養，就不必額外補充喔！但還是要隨時注意身體的改變，如有任何異常變化要記得告知醫師。

中期
養胎瘦孕
飲食安排

早餐 香菇蛋花粥 (P59)

肉炒三絲 (P83)

早點 南瓜煎餅 (P132)

午餐 蛋黃花壽司 (P54)

蠔油雞柳 (P77)

蛤蜊湯 (P66)

午點 水果一份

晚餐 海鮮炒飯 (P55)

黑木耳炒白菜 (P72)

紫菜豆腐湯 (P63)

晚點 蜜汁甜藕 (P134)

蛋黃花壽司

 4~6 月 15 MIN

平常忙碌的孕媽咪，再忙也要偷空變換一下生活型態，
為增添生活趣味，忙碌之餘肚子餓了，來捲壽司既新鮮又方便。

材料（2 人份）

- 糖醋飯 1 碗　蛋 1 顆
- 小黃瓜 30g　紅蘿蔔 30g
- 海苔 1 片

調味料

鹽少許

1 備好材料
蛋在碗中打散；小黃瓜洗淨切絲；
紅蘿蔔去皮切絲。

2 準備蛋絲
平底鍋內加油燒熱，倒入蛋液，撒
少許鹽，煎成薄蛋皮，盛起後切絲。

3 汆燙食材
燒一鍋滾水，加少許鹽，將紅蘿蔔、
小黃瓜放進燙熟後，撈起瀝乾備用。

4 捲壽司
海苔平鋪在壽司簾上，把糖醋飯鋪
在海苔上，並放上黃瓜絲、紅蘿蔔
絲和蛋絲，將壽司簾捲起後捏緊，
用刀切開裝盤即可。

海鮮炒飯

4~6月　15 MIN

豐盛的海味潛藏在米粒間，鮮香的美好滋味完全與米飯融合，
高營養價值、低熱量的海鮮料理，懂孕媽咪要營養不要多餘熱量的心。

材料（2 人份）

白飯 100g　蛋 1 顆
墨魚 1 隻　蝦仁 15g
蒜末適量　蔥花適量

調味料

太白粉適量　鹽適量

1 備好材料

墨魚洗淨切塊；蝦仁去腸泥洗淨；
蛋取出蛋黃，打散備用。

2 汆燙海鮮

墨魚、蝦仁放入碗中，加太白粉
和蛋白拌勻，放入滾水中汆燙至
變色，撈出備用。

3 準備蛋絲

平底鍋內加油燒熱，倒入蛋黃
液，煎成薄蛋皮，盛起後切絲。

4 拌炒均勻

另熱油鍋，爆香蒜末、蔥花，放
入蝦仁、墨魚拌炒，加入白飯、
蛋絲、鹽炒勻即完成。

雞肉飯

4～6月　20 MIN

白飯淋上雞汁，加上紅蔥頭跟蒜片爆香提味，
可是會讓孕媽咪食慾大開，忍不住多吃幾碗的。

材料（2人份）

- 白飯 1 碗
- 薑片 2 片
- 蒜片適量
- 火雞胸肉 100g
- 蔥 1 支
- 紅蔥頭適量

調味料 A

- 雞油 4 大匙

調味料 B

- 米酒 1 匙　紅蔥頭適量
- 醬油少許　糖少許

1 備好材料
火雞胸肉洗淨，放入滾水中，加入薑片，煮熟後，撈起切絲放涼，雞湯留下備用；蔥洗淨切段。

2 爆香材料
熱鍋，放入雞油，以小火爆香蔥段、紅蔥頭、蒜片。

3 調製雞汁
雞湯加入調味料 B，略為煮滾即可。

4 盛盤享用
盛好白飯，鋪上火雞肉絲，撒上爆香的材料，再淋上雞汁即完成。

營養重點

火雞肉擁有「一高三低」的特性：高蛋白質、低熱量、低膽固醇、低脂肪，更含豐富維生素、礦物質，很適合孕媽咪食用。

荷蘭豆肉片麵

4~6 月　40 MIN

簡單地食材與調味，即能帶出肉香與菜甜，尤其是享用自製的麵條，
孕媽咪充分安心絕無多餘的食品添加物。

材料（3 人份）

中筋麵粉 300g
高筋麵粉 50g
豬肉片 150g　蔥 1 支
荷蘭豆 50g　高湯適量

調味料 A

米酒少許　鹽少許

調味料 B

油適量　鹽適量

1 備好材料

蔥洗淨，切段；荷蘭豆洗淨，撕
去粗絲；豬肉片加調味料 A 醃漬
5 分鐘。

2 準備麵條

將 2 種麵粉充分混合，加入適量
水將麵粉搓揉成糰，醒麵 20 ～
25 分鐘後，麵糰桿平，切成麵
條，放入滾水中煮 3 ～ 5 分鐘，
撈起瀝乾水分，加少許油抓拌均
勻即可。

3 烹調肉片麵

熱鍋中放入高湯煮滾，加入豬肉
片、荷蘭豆煮熟後，再放入麵條、
蔥段和鹽調味即可。

豬骨番茄粥

 4~6 月　 70 MIN

熬煮過的番茄果肉與米粒已融為一體，加上番茄解膩的果香滋味，
這款濃郁湯頭的粥品絕對可以提供孕媽咪與胎兒的營養需求。

材料（1人份）

白飯 1 碗　番茄 2 顆
豬骨 100g

調味料

鹽適量

1 備好材料
豬骨用刀背敲碎；番茄洗淨，去蒂，
切塊。

2 汆燙豬骨
燒一鍋滾水，加少許鹽，放入豬骨
汆燙去血水，撈起備用。

3 小火燉湯
豬骨和番茄一起放入砂鍋中，倒入
適量清水，用大火煮滾後，轉小火
燉約 1 小時。

4 熬煮粥品
將白飯放入燉好湯的砂鍋中，大火
煮滾後，轉小火，煮至米爛湯稠，
加適量的鹽調味即可。

香菇蛋花粥

經過香菜的提味，整碗粥充滿香菇及蛋的香味，滿滿的香氣撲鼻，
粥品中有孕媽咪需要的蛋白質，也兼顧胎兒成長需要的各式養分。

材料（2人份）

白米 30g　蛋 2 顆
乾香菇 3 朵　蝦米適量
香菜適量

調味料

鹽適量

1 備好材料

香菇泡軟，去蒂，切絲；蛋打散；
香菜洗淨，切小段；白米洗淨；
蝦米洗淨，瀝乾備用。

2 爆香材料

熱油鍋，放入香菇絲、蝦米，大
火快炒至熟，盛出。

3 烹調粥品

將白米放入鍋內，加入適量清
水，煮至半熟，倒入已爆香的材
料，攪拌均勻，煮熟後均勻淋入
蛋液，熄火後再緩緩攪拌至蛋
熟，最後加鹽調味，並撒上香菜
即可。

59

肉末菜粥

4~6月　30 MIN

新鮮豬肉也是提供血紅素及鐵質的好來源，
為了胎兒腦部發育著想，請孕媽咪謹記一人吃兩人補喔！

材料（1 人份）

白米 30g　肉絲 20g
青江菜適量　蔥花適量
薑末適量

調味料

鹽適量

1 備好材料
青江菜挑揀後洗淨，切碎；豬肉絲剁成肉末。

2 爆香材料
熱油鍋，放入薑末、蔥花爆香，再加入肉末炒至變色，盛出備用。

3 烹調粥品
將白米放入鍋內，加入適量清水，煮至半熟，倒入已爆香的材料，攪拌均勻煮至白米熟，，再放入青江菜同煮，菜熟後加鹽調味即可。

營養重點

此粥含有豐富的優質蛋白質、脂肪酸、鈣、鐵和維生素 C，營養均衡且不油膩。

吻仔魚粥

4~6 月

10 MIN

孕媽咪養胎要存好骨本，食物中最佳的鈣質來源當推「吻仔魚」了，
這道口感豐富的粥，蘊含了各式孕媽咪與胎兒需要的養分。

材料（2 人份）

- 白飯 1 碗　吻仔魚 70g
- 紅蘿蔔 20g　鮮香菇 1 朵
- 小白菜 20g

調味料

香油少許　鹽少許

1 備好材料

紅蘿蔔與鮮香菇洗淨，切細丁；
小白菜洗淨，切丁；吻仔魚泡冷
水，洗淨。

2 烹調粥品

燒一鍋滾水，加入吻仔魚、白飯、
紅蘿蔔、香菇、鹽煮滾後，加入
小白菜，再次煮滾後，起鍋前淋
上香油即可。

營養重點

仔魚含有鈣、維生素 A、
維生素 C、鈉、磷、鉀等
營養素。可輕易被人體腸
胃道消化及吸收，對人體
骨骼發育十分有益處。

牡蠣豆腐湯

 4~6 月 10 MIN

隨著胎兒成長及身體的些微變化,孕媽咪難免有些小憂心,
飽滿的牡蠣與入口即化的豆腐,可助孕媽咪心神安定。

QRcode
掃一掃‧輕鬆學

材料(2 人份)

- 豆腐 1/4 塊　牡蠣 300g
- 小白菜適量　蔥花適量
- 薑絲適量

調味料

- 香油少許　白胡椒粉少許
- 鹽少許

1 備好材料
把豆腐切成邊長 2 公分、厚 0.7 公
分的方塊;將牡蠣放入鹽水中洗 2
次後撈起,備用。

2 烹調湯品
燒一鍋滾水,放入薑絲略煮;加入
豆腐,煮至沸騰,再放入牡蠣、鹽,
待水再次煮滾,加入小白菜,並以
胡椒粉調味,最後淋上香油、撒上
蔥花即完成。

營養重點

豆腐是高營養、低脂肪的
食品,有植物肉之稱,具
有降低血脂,保護血管,
預防心血管疾病的作用。
其中富含植物性蛋白質,
是吃素的孕媽咪不可或缺
的蛋白質來源之一。

紫菜豆腐湯

材料單純、作法簡單，但卻富含對孕媽咪與胎兒極為重要的營養素，
此湯品也能增加孕媽咪的食慾，並有提升新陳代謝的功效。

材料（2人份）

> 豆腐 150g　乾紫菜 25g
> 蔥花適量

調味料

> 香油適量　鹽適量

1 備好材料
將乾紫菜泡發，洗淨；豆腐切塊。

2 烹調湯品
鍋內倒入適量清水，將紫菜、豆腐塊放入鍋中，用大火煮至豆腐膨脹，加鹽調味，起鍋前撒上蔥花，淋入香油即可。

營養重點

紫菜含碘量高，可用於預防因缺碘引起的甲狀腺腫大。另外還富含膽鹼、鈣、鐵，有助於增強記憶、預防貧血、促進骨骼生長和保護牙齒的健康。

鮮蝦豆腐湯

4～6月　15 MIN

看似清淡卻滋味不平凡的營養湯品，有蔥花的提味，更凸顯蝦仁的鮮美，蝦仁有彈性的肉質與豆腐柔軟的口感一點也不衝突，真是美味的搭配。

材料（1 人份）

┌ 蝦仁 50g　豆腐 1 塊
└ 蔥花少許　高湯 2 杯

調味料

鹽 1 小匙

QRcode

掃一掃 · 輕鬆學

1 備好材料

蝦仁去腸泥，洗淨；豆腐切小塊。

2 汆燙材料

燒一鍋滾水，加少許鹽，將豆腐、蝦仁放入，燙一下即可撈出瀝乾。

3 烹調湯品

鍋中放入高湯，加適量水，煮滾後放入豆腐、蝦仁，再次煮滾後撈去浮沫，加入鹽調味續煮 5 分鐘，起鍋前撒入蔥花即可。

營養重點

豆腐是高營養、高礦物質、低脂肪的食品，具有降低血脂，預防心血管疾病的作用。是吃素孕媽咪不可或缺的蛋白質來源之一。

鮮蝦冬瓜湯

本湯品除了補充鈣質，也可以有效地緩解懷孕期間的水腫，
還可讓辛苦養胎的孕媽咪恢復好氣色喔！

材料（2 人份）

- 草蝦 250g　冬瓜 150g
- 薑片適量

調味料

- 香油適量　鹽適量
- 糖適量

1 備好材料
草蝦去腸泥，洗淨；冬瓜洗淨去皮，切小塊。

2 清蒸鮮蝦
蒸鍋水滾後，放入草蝦，蒸 5 分鐘，取出去殼，取出蝦肉。

3 烹調湯品
燒一鍋滾水，放入冬瓜與薑片，以中火煮滾後，放入蝦肉，加鹽、糖略煮，起鍋前滴入香油即可。

營養重點

冬瓜鈉含量極低，可防水腫，且含有維生素 C、特有的油酸及能抑制體內黑色素沉澱的活性物質，是天然的美白潤膚佳品。

蛤蜊湯

4~6
月

10
MIN

清爽無負擔的湯品，鮮嫩多汁的鮮蛤肉，滿溢著蛋白質與各式養分，
陪伴著孕媽咪與胎兒安心、健康的成長。

材料（2人份）

蛤蜊 300g　薑絲少許
蔥花少許

調味料

米酒適量　香油適量
鹽適量

1 備好材料
蛤蜊放入鹽水中浸泡吐沙，吐完後洗淨。

2 烹調湯品
鍋中加水煮滾，放入蛤蜊及薑絲、鹽、米酒，煮至蛤蜊的殼張開，立即熄火，撒上蔥花，起鍋前淋上香油即可。

營養重點

蛤蜊具有退熱解火功效，且含有鐵質及豐富蛋白質、維生素、各式礦物質、牛磺酸等營養素，對視力和肝臟都有保護作用。

蛤蜊瘦肉海帶湯

4~6月

30 MIN

湯汁美味，配料更是豐富，隨著胎兒漸漸成長，
孕媽咪活動力可能也不如平常，海帶是加速腸道大掃除的好夥伴喔！

材料（2 人份）

蛤蜊 500g　豬瘦肉 100g
海帶 10g　薑片適量
蔥花適量　辣椒片適量
高湯適量

調味料

米酒適量　白胡椒粉適量
鹽適量

1 備好材料

海帶放入清水中泡發後，洗淨瀝
乾，切小段；豬瘦肉洗淨，切成
片；蛤蜊放入鹽水中浸泡吐沙，
吐完後洗淨。

2 汆燙材料

燒一鍋滾水，加少許鹽，分別汆
燙海帶、豬肉片，取出瀝乾備用。

3 爆香材料

熱油鍋，先下薑片、辣椒、豬肉
炒香，再放入高湯煮滾。

4 烹調湯品

將海帶放入湯中續煮 15 分鐘，
接著放入豬肉片、蛤蜊，轉小火
再煮 5 分鐘，加入鹽、米酒、白
胡椒粉調味，最後撒上蔥花即可。

67

百合甜椒雞丁

4~6月　15 MIN

百合有安定心神的效用，有助於讓孕媽咪保持心情平穩，
顏色亮麗的甜椒也讓雞腿肉嘗起來更增添清爽的口感。

材料（2人份）

雞腿 1 支　　甜椒 1/2 個
百合 20g　　薑末適量
蒜末適量

調味料

鹽適量

1 備好材料
雞腿去骨，切小塊；甜椒去籽，洗淨，切小塊；百合剝小片，洗淨備用。

2 香煎雞肉
熱油鍋，放雞肉煎至微黃，再放入薑末、蒜末爆香，最後放入甜椒、百合炒熟，加鹽調味即可。

營養重點

百合含有秋水仙鹼、蛋白質、脂肪、鉀、食物纖維、維生素 E、維生素 C，可以清心安神、潤燥清熱、滋補益氣、增加免疫力。

百合炒肉片

豬肉片肉質軟嫩，百合入口微苦，但卻有回甘的口感，剛好可以解膩，
本道菜不僅補血、高蛋白質，又可安定心神喔！

材料（2 人份）

豬瘦肉片 100g　乾百合 15g
蛋白 1 顆

調味料

鹽適量　太白粉適量

1 備好材料
乾百合用水泡發，剝小片，洗淨。

2 醃漬豬肉
豬瘦肉片加入鹽、太白粉、蛋白
拌勻，醃漬入味，備用。

3 拌炒均勻
熱油鍋，放入豬瘦肉片滑炒至 5
分熟，放入百合翻炒，加鹽及少
量水煨一下，拌炒均勻即可。

三杯杏鮑菇

喜歡九層塔濃郁香氣的孕媽咪，一定不能錯過這道香氣四溢的高纖料理，高營養價值、低熱量的杏鮑菇，絕對是孕媽咪養胎良伴。

QRcode

掃一掃・輕鬆學

材料（2 人份）

- 杏鮑菇 370g　九層塔 20g
- 蒜頭適量　薑片適量

調味料

- 麻油 1 大匙　醬油 1 大匙
- 糖 1.5 大匙　米酒適量
- 白胡椒粉適量

1 備好材料

杏鮑菇洗淨，滾刀塊；蒜頭洗淨，去皮；九層塔挑揀洗淨，瀝乾，備用。

2 杏鮑菇去水

熱鍋油，放入杏鮑菇炸去多餘水分，撈起瀝油備用。

3 爆香食材

砂鍋中下麻油及少許油，以小火加熱，放入蒜頭、薑片爆香。

4 拌炒均勻

待薑片焗乾後，加入醬油、白胡椒粉、糖、杏菇，轉大火攪拌均勻，再加入九層塔，蓋上鍋蓋，燜 30 秒後，從鍋緣下米酒，即可掀蓋起鍋。

菠菜炒雞蛋

4~6 月　10 MIN

蛋香飄散，讓菠菜顯得更佳可口，簡單食材卻蘊含極高的營養價值，
為辛苦養胎的孕媽咪準備好抵禦傳染病的能力。

材料（2 人份）

┌ 菠菜 300g　蛋 2 顆
└ 蒜末適量

調味料

┌ 醬油適量
└ 鹽適量

1 備好材料
菠菜挑揀後，洗淨，切段；蛋打在碗中攪散。

2 汆燙菠菜
燒一鍋滾水，加少許鹽，放入菠菜燙一下即可撈起。

3 香炒雞蛋
起油鍋，將蛋液炒熟後，取出備用。

4 拌炒均勻
原鍋中加少許油燒熱，爆香蒜末，倒入菠菜快炒，再加鹽、醬油翻炒，最後倒入炒好的蛋，翻炒均勻即可。

營養重點

菠菜富含鐵質、β - 胡蘿蔔素、維生素 B、鋅、磷等營養素，尤其維生素 A、維生素 C 的含量比一般蔬菜高，是低熱量、高膳食纖維、高營養的蔬菜。

黑木耳炒白菜

4~6
月

15
MIN

本道菜餚富含膳食纖維，還有保持容光煥發的營養成分，簡單卻不平凡，
孕媽咪隨著活動量減緩，若常感到有疲勞感，更要常食用本道菜餚。

材料（2 人份）

┌ 大白菜 300g　黑木耳 50g
└ 蔥絲適量　薑絲適量

調味料

┌ 太白粉適量　香油適量
│ 醬油適量　白醋適量
└ 糖適量　鹽適量

1 備好材料
黑木耳洗淨，撕小片；白菜洗淨，
去老葉，撕成小片，瀝乾備用。

2 拌炒均勻
起油鍋燒至 7 分熱，放入蔥絲、薑
絲炒香，再放入大白菜、黑木耳翻
炒至熟，接著加鹽、醬油、白醋、
糖拌炒均勻，最後以太白粉水勾芡，
起鍋前淋上香油即可。

營養重點

黑木耳中鐵的含量豐富，常
吃能養血駐顏，令人肌膚紅
潤，容光煥發；並含有維生
素 K，能維持體內凝血因子
的正常濃度，防止出血。

木耳炒肉絲

飽含水分的綠豆芽、青椒，清爽不帶油的黑木耳，
口感層次豐富，伴隨醬油香氣，是道佐飯的好佳餚。

材料（2 人份）

瘦肉 150g　黑木耳 50g
青椒 25g　綠豆芽 150g

調味料

醬油適量　鹽適量
薑適量

1 備好材料

黑木耳洗淨，切絲；瘦肉洗淨，
切絲；青椒洗淨，去籽，切絲；
綠豆芽摘去根，洗淨；薑去皮，
切絲。

2 醃漬豬肉

豬肉絲用醬油拌勻，醃漬 5 分鐘
入味。

3 香炒肉絲

熱油鍋，放入肉絲翻炒至8分熟，
盛碗備用。

4 拌炒均勻

原鍋中加入少許油燒熱，加入黑木
耳、青椒絲和綠豆芽拌炒熟後，
再加鹽、薑絲翻炒，接著倒入肉
絲拌炒均勻即可。

73

鐵板豆腐

平凡的豆腐蘊含豐富的蛋白質，經過香煎外脆內軟的口感，
令人垂涎，營養的紅蘿蔔也來顧好孕媽咪跟胎兒的視力健康。

材料（2人份）

雞蛋豆腐 1 盒　荷蘭豆 60g
木耳 40g　紅蘿蔔 40g
蔥段適量　蒜末適量
香菜適量

調味料

香油適量　蠔油適量
米酒適量　糖適量

1 備好材料

豆腐切長條狀；荷蘭豆洗淨，去蒂頭和粗絲；木耳洗淨，切小片；紅蘿蔔洗淨，去皮，切片。

2 汆燙材料

燒一鍋滾水，加少許鹽，汆燙木耳、紅蘿蔔、荷蘭豆，撈出瀝乾備用。

3 香煎豆腐

起油鍋，煎豆腐至兩面金黃，推到鍋邊，放入蔥段、蒜末爆香，再加入蠔油、糖和汆燙過的食材，翻炒均勻，加少許的水煨煮，最後加入米酒、香油拌炒均勻，起鍋後撒入香菜即可。

海參豆腐煲

忙碌的孕媽咪，因為養胎運動量也減少了，海參具有極高的營養價值，
可幫助孕媽咪修復膚質，補充好體力。

材料（2人份）

海參 2 隻　豆腐 150g
小黃瓜片適量　紅蘿蔔片適量
薑片適量

調味料

米酒適量　醬油適量
鹽適量

1 備好材料

剖開海參，洗淨切段；豆腐切塊，
入油鍋炸至金黃，撈出瀝乾備
用。

2 海參去腥

滾水中加入米酒、鹽，放入海參
汆燙去腥，撈出瀝乾備用。

3 烹煮料理

熱油鍋，爆香薑片，放入紅蘿蔔
片、小黃瓜片拌炒均勻，接著放
入海參、豆腐、醬油，加適量水
煲煮至食材入味即完成。

鳳梨雞球

4~6 月　20 MIN

酸甜的鳳梨，鹹香的雞腿肉，既開胃又能幫助消化，
彈潤的雞腿皮含有豐潤肌膚的膠原蛋白，補充營養又兼具美容效用。

材料（2 人份）

- 去骨雞腿 1 支　新鮮鳳梨 50g
- 青椒 15g　紅甜椒 15g
- 蒜末適量　蔥花適量

調味料

- 醬油適量
- 糖適量

1 備好材料

雞腿肉洗淨，切成大丁；鳳梨洗淨，取肉，切塊；青椒、紅甜椒分別洗淨，去籽，切丁備用。

2 醃漬材料

雞腿肉拌入醬油、糖醃漬 10 分鐘入味。

3 香炒雞肉

起油鍋，爆香蔥花、蒜末，將雞腿肉與鳳梨、青椒、紅甜椒放入鍋中拌炒，加少許水、醬油，燜煮至雞肉熟透即可。

營養重點

鳳梨含有豐富維生素 C 與蛋白酵素，除了可以幫助腸胃吸收及消化，酸甜的味道有開胃的效果。

蠔油雞柳

4~6 月　20 MIN

雞肉口感黏稠滑順，充分吸附醬汁，完全不會乾澀，
秋葵富含胎兒神經管發育所需的葉酸，最適合孕媽咪養胎時期。

材料（3 人份）

┌ 雞胸肉 350g　木耳 40g
│ 黃甜椒 50g　秋葵 50g
└ 薑末適量　蒜末適量

調味料 A

┌ 米酒適量　鹽適量
└ 太白粉適量

調味料 B

┌ 蠔油適量　糖適量
└ 鹽適量　米酒適量

1 備好材料

木耳洗淨，切片；黃甜椒洗淨，去籽，切條狀；秋葵洗淨，去蒂頭；雞胸肉洗淨切條狀。

2 醃漬材料

雞胸肉加入調味料 A 拌勻，醃漬 5 分鐘入味。

3 汆燙材料

燒一鍋滾水，加少許鹽，汆燙木耳、秋葵、黃甜椒，撈出瀝乾備用。

4 拌炒均勻

熱油鍋，放入雞肉炒至 8 分熟後，推到鍋邊，加入薑末、蒜末爆香，再加入調味料 B 一起翻炒，接著加少量水和汆燙好的蔬菜拌炒均勻，收汁即可盛盤。

77

秋葵炒蝦仁

4~6月　10 MIN

秋葵切段烹調更能入味，蝦仁的鮮味經由鰹魚醬油調味，
淡淡鹹香更是誘人，是道味美、色鮮的營養料理。

QRcode

掃一掃・輕鬆學

材料（2人份）

┌ 秋葵 130g　白蝦 150g
└ 薑 2 片　蒜末 2 小匙

調味料

┌ 鰹魚醬油 1 大匙
└ 鹽 1 小匙

1 備好材料

秋葵洗淨，去蒂頭，切小段；白蝦
去腸泥及殼，洗淨剖背。

2 爆香蝦仁

熱油鍋，放入蝦仁，煎至微香後，
盛起備用。

3 拌炒均勻

原鍋直接爆香薑片、蒜末，放入蝦
仁和秋葵，加鹽和鰹魚醬油調味，
拌炒均勻即完成。

金沙筊白筍

4~6 月　10 MIN

纖維多多的筊白筍，裹上黃澄澄的鹹蛋黃，
不僅口感鹹香爽脆，風味特殊，還可幫助孕媽咪強化腸道蠕動。

QRcode

掃一掃．輕鬆學

材料（2人份）

- 筊白筍 5 支　鹹蛋黃 1 顆
- 鹹蛋白 1 大匙　蒜末 1 大匙
- 蔥花適量

1 備好材料

筊白筍洗淨，切滾刀塊；鹹蛋黃切碎，蛋白也切碎備用。

2 炒香筊白筍

熱油鍋，放入筊白筍，轉中火炒至表面微微焦黃後，盛起備用。

3 拌炒均勻

原鍋中再下少許油，待油熱後，爆香蒜末和鹹蛋黃，炒至鹹蛋黃起泡後，倒入筊白筍拌炒，等蛋黃均勻沾裹在筊白筍上後，再加入蔥花、鹹蛋白，稍微拌炒後即可盛盤。

六合菜

4~6月 15 MIN

一道菜內包含了多種食材，每一口都有各種食材所含有的養分，
尤其是吸收各食材精華的入味粉絲，單吃也很有飽足感。

材料（2人份）

肉 30g　蛋 1 顆
黃豆芽 30g　韭菜 30g
冬粉 30g　豆乾 30g
蔥段適量　薑片適量

調味料

醬油適量
鹽適量

1 備好材料
韭菜洗淨，切段；粉絲泡發；豆乾和肉切絲；雞蛋在碗中攪散。

2 香炒雞蛋
起油鍋，先將蛋液炒熟、炒散，盛起備用。

3 拌炒均勻
原油鍋，爆香蔥段、薑片，放入肉絲、豆乾絲、韭菜、粉絲、黃豆芽翻炒至熟，接著放入雞蛋拌炒均勻，加鹽、醬油調味即可。

營養重點

韭菜不僅富含膳食纖維，其揮發油與硫化合物能抑菌、殺菌和提振食慾；鉀、鐵與葉綠素，能改善貧血，促進骨骼及牙齒發育。

鵪鶉蛋莧菜豆腐羹

4~6月　15 MIN

圓滾的鵪鶉蛋像珍珠飄在清淡的羹湯中，有助視覺享受，
富含微量元素等營養的鵪鶉蛋，可幫助胎兒養成，也能讓孕媽咪心神安定。

材料（2 人份）

熟鵪鶉蛋 100g　嫩豆腐 1 盒
莧菜 130g　薑片少許
蔥花少許

調味料

太白粉適量　香油適量
鹽適量

1 備好材料

豆腐洗淨，切成小方塊；莧菜洗
淨，切小段。

2 慢火烹調

起油鍋，爆香薑片，放入莧菜炒
軟後，再加水和鵪鶉蛋燜煮，加
鹽調味，湯汁滾後，加入豆腐用
鍋鏟輕輕推動，起鍋前以太白粉
水勾薄芡，最後淋上香油、撒上
蔥花即可。

營養重點

鵪鶉蛋含蛋白質、卵磷脂、
維生素 B 群、鐵、磷、鈣
等營養素。對貧血、養顏、
美膚功用尤為顯著。

81

菠菜雞煲

4~6
月

15
MIN

波菜及雞肉所蘊含的營養與烹調的美味，
有助於孕媽咪保持心情愉悅，並能安心入睡，一夜好眠。

材料（2人份）

雞肉 200g　菠菜 100g
乾香菇 3 朵　冬筍 30g
蒜末適量

調味料

米酒適量　醬油適量
鹽適量

1 備好材料
雞肉剁成小塊；菠菜挑揀後，切段；
乾香菇泡軟，切塊；冬筍切成片。

2 汆燙菠菜
燒一鍋滾水，加少許鹽，放入菠菜
燙一下即撈起瀝乾。

3 拌炒均勻
起油鍋，放入雞肉、香菇拌炒，再
放入米酒、鹽、醬油、冬筍，炒至
雞肉熟透。

4 盛盤享用
菠菜放在盤中鋪底，將炒熟的食材
倒入即可。

肉炒三絲

4~6
月

10
MIN

香菇的香，紅蘿蔔的甜，還有充滿光澤的滑嫩肉絲，
及吸收各食材風味的豆皮，給孕媽咪多健康、少負擔。

材料（2 人份）

豬肉 250g　紅蘿蔔 100g
豆皮 50g　乾香菇 30g
蔥花適量　薑末適量

調味料

鹽適量

1 備好材料
豬肉洗淨，切絲；紅蘿蔔洗淨，
去皮切絲；豆皮洗淨切絲；香菇
用水泡開，洗淨切絲。

2 油滑肉絲
熱油鍋，放入肉絲迅速滑散，炒
至 8 分熟後，撈出瀝油備用。

3 拌炒均勻
原鍋中另加些油燒熱，爆香蔥
花、薑末，放入紅蘿蔔絲，以大
火翻炒，再加入豆皮絲、香菇絲
繼續翻炒 3 分鐘，最後放入肉絲
拌炒均勻，加鹽調味即可。

山蘇炒小魚乾

4~6月　10 MIN

鹹香的小魚乾與山蘇拌炒，山蘇的黏液將小魚乾潤澤的好入口，
本菜具有高鈣、高纖又可降血壓，針對孕媽咪的營養需求完美訂製。

材料（2人份）

┌ 山蘇 300g　小魚乾 30g
└ 蒜末少許　豆豉少許

調味料

香油適量

1 備好材料

山蘇洗淨，將較粗的莖撕除；小魚乾洗淨；豆豉泡水去除多餘鹽分後，取出瀝乾備用。

2 爆香材料

熱油鍋，爆香蒜末、豆豉，放入小魚乾炒香。

3 大火快炒

加入山蘇以大火快炒，炒至山蘇熟透，表面看起來油油亮亮，起鍋前淋上香油即可。

營養重點

山蘇富含蛋白質、多種維生素、鈣、鉀、鎂、鐵、鋅等營養素，具有利尿功能，並可預防貧血、高血壓和糖尿病等，其中膳食纖維還可預防孕媽咪便祕。

Part 4

懷孕後期
養胎瘦孕飲食安排

懷孕後期的孕媽咪要適當增加蛋白質
的攝取、確保鈣和維生素 D 的足量供
應、減少脂肪的攝取、補充足量的維
生素、適當增加宵夜、繼續禁食刺激
性食物，不僅能養出頭好壯壯的寶寶，
自己也能保持苗條的身材。

懷孕後期多多補充：
鐵質、蛋白質

鐵質是人體形成血紅素的主要成分，並能協助人體造血。血紅素能攜帶充足的氧氣供應全身細胞及組織器官，促進血液循環，使臉色紅潤。鐵質也能幫助免疫系統保持正常運作，預防疾病發生。孕媽咪此時因為懷孕，所以容易缺乏鐵質，引起缺鐵性貧血。

加上此時期，胎兒的體重大幅增長，腦細胞也在迅速增值，需要大量蛋白質支援。因此，孕媽咪應適當增加對蛋白質的攝取，高生物價的蛋白質應佔每日攝取量的二分之一以上。

補充足夠的蛋白質及鐵質，不僅能夠滿足胎兒的發育需要，還能使孕媽咪減少難產機率，避免出現孕期貧血、妊娠高血壓以及營養缺乏性水腫、產後乳汁分泌不足等病症。

孕媽咪每日應比懷孕前多攝取 10 公克的蛋白質，可以透過吃雞蛋、牛奶、黃豆、豆腐、豆乾、瘦肉等食物進行補充。懷孕後期每日鐵質攝取量應為 45 毫克，可吃肝臟、紅肉、魚貝類、蛋黃、魚子醬、核果類、黃豆、豆製品、蘆筍、葡萄乾、紅糖等補充。

此時期的孕媽咪每日需增加 300 大卡的熱量，但每人每天的總熱量需視孕媽咪的年齡、活動量、懷孕前的健康狀況及體重增加情形，而加以調整。如有需要，可在醫師建議下選用市面上孕媽咪專用的綜合營養素，以補充孕期足夠的礦物質和維生素。

牛肉
（富含鐵質）

鐵是生成紅血球的主要原料之一，孕期若有缺鐵性貧血，容易導致孕媽咪頭暈無力，也會影響胎兒的發育。牛肉中的鐵質豐富，孕期貧血的孕媽咪可以多補充。

豆腐
（富含蛋白質）

孕期中若出現體重減輕、水腫以及營養不良的症狀時，很有可能是蛋白質攝取不足，而豆腐含有優質蛋白質，不管是吃葷或吃素的孕媽咪都可以食用，但要注意孕媽咪如果容易脹氣，則要少吃。

7~10月

懷孕後期養胎瘦孕 1 日食譜

在懷孕後期，胎兒不斷長大，發育加快，孕媽咪的代謝也在增加，而胎盤、子宮、乳房也不斷在增長，需要大量蛋白質供應，以提供足夠的營養和熱量。

孕媽咪在整個孕期都需要補充鈣質，尤以懷孕後期的需求量為最大，這是因為胎兒牙齒和骨骼的鈣化在加速。其體內鈣質有一半以上是在懷孕後期儲存的，因此需要更多的鈣質。而攝取更多的維生素 D，能夠促進鈣質吸收。因此在懷孕後期，孕媽咪每日應攝取不少於 1000 毫克的鈣和 10 微克的維生素 D。

過多的脂肪和精緻糖類會使孕媽咪攝取過多熱量，加上懷孕後期活動量減少，很容易使體重增長過快，或使胎兒生長過大，對分娩造成影響。

此時期的孕媽咪如果出現水腫、高血壓的症狀，應採少鹽、利尿飲食，例如：紅豆、絲瓜、冬瓜等食物。臨產前可吃一些補虛溫中而營養豐富的食物，例如：蝦米炒海參、鮮蔬蝦仁等。

孕媽咪要繼續貫徹少量多餐的飲食原則。如果孕媽咪的體重一直控制在合理範圍內，還可以每日增加一次宵夜，但在宵夜中應儘量選擇易消化、少鹽、少糖、少油的食物。對於咖啡、濃茶、辛辣味道、油炸的食品等刺激性食物，孕媽咪一定要忌口，否則會出現或加重痔瘡的情況。

後期養胎瘦孕飲食安排

早餐	生薑羊肉粥 (P93)
	清蒸茄段 (P103)
	清炒高麗菜 (P102)
早點	冬瓜干貝湯 (P121)
午餐	木須炒麵 (P89)
	蝦仁炒蘿蔔 (P104)
	牛肉蘑菇湯 (P96)
午點	南瓜糯米球 (P133)
晚餐	豬肝炒飯 (P88)
	翡翠透抽 (P108)
	鳳梨苦瓜雞湯 (P98)
晚點	水果一份

豬肝炒飯

7~10 月　15 MIN

醬油炒過的米飯透著微微醬香，留有薑絲爆香的些微嗆味，
增加了米飯在口腔的味覺層次，高蛋白的黑豆也豐富炒飯的口感。

材料（1 人份）

豬肝 150g　白飯 1 碗
薑絲適量　黑豆適量

調味料 A

糖適量　淡色醬油適量

調味料 B

米酒適量　鹽適量
白胡椒粉適量

1 備好材料

黑豆洗淨，放入清水泡軟；豬肝洗淨，切片。

2 醃漬豬肝

豬肝加入調味料 A 醃漬 10 分鐘入味。

3 香煎豬肝

熱油鍋，放入豬肝微煎，取出備用。

4 烹調炒飯

留鍋底油，薑絲爆香，加入白飯炒勻，再加鹽、黑豆、白胡椒粉、豬肝續炒 1 分鐘，起鍋前加少許米酒即可。

木須炒麵

7~10月　15 MIN

醋香、白胡椒粉香、醬香～各種香氣提味，伴著濃郁的美食香氣，
足以另孕媽咪迫不急待想趕緊大快朵頤。

材料（2 人份）

- 木耳 60g　雞蛋 1 個
- 白麵 2 糰　肉絲 100g
- 紅蘿蔔 80g　蔥段適量

調味料 A

- 烏醋 1 小匙
- 醬油適量
- 糖適量

調味料 B

- 白胡椒粉 1 小匙
- 烏醋 1 小匙
- 香油適量

1 備好材料

木耳洗淨，切絲；紅蘿蔔洗淨，去皮，切絲；雞蛋在碗中攪散成蛋液。

2 汆燙材料

燒一鍋滾水，放入麵條煮至 7 分熟時，放入紅蘿蔔、木耳一起汆燙，再全部撈出備用。

3 炒香雞蛋

熱油鍋，將一半的蛋液放入炒熟、炒散後，盛起備用。

4 拌炒均勻

鍋中續加些許油，爆香蔥段，加入肉絲炒散，再加入調味料 A、汆燙過的食材和麵條，轉大火，快速翻炒，加入少許的水、白胡椒粉和炒熟的蛋，接著加入剩餘的蛋液、烏醋炒勻，起鍋前淋上香油即可。

南瓜紅蘿蔔牛腩飯

7~10月　60 MIN

肥美的牛腩入口即化的鮮嫩感，光是想像就令人口水直流了，
配上甜美的紅蘿蔔與南瓜，要開始擔心不夠吃了。

材料（1人份）

白飯 1 碗　牛腩 100g
紅蘿蔔 20g　南瓜 50g

調味料

鹽適量

1 備好材料

紅蘿蔔、南瓜洗淨，去皮，切塊；
牛腩洗淨，切塊。

2 燉煮材料

熱油鍋，紅蘿蔔、南瓜小火微煎，
在鍋中加鹽、適量的水燉煮，煮沸
後放入牛腩，燉煮 45 分鐘，直至牛
腩、南瓜和紅蘿蔔軟爛，食用前將
料理淋在白飯上即可。

紅燒牛肉飯

 7~10月

 60 MIN

對於需要蛋白質與鐵質來補充營養的孕媽咪與胎兒，
享有「肉中驕子」美稱的牛肉，堪稱是最適合的食材。

材料（1人份）

牛肉 200g　白蘿蔔 70g
紅蘿蔔 40g　蔥花適量
薑末適量　白飯 1 碗

調味料

豆瓣醬適量　米酒適量
醬油適量　糖適量

1 備好材料
紅蘿蔔、白蘿蔔洗淨，去皮，切塊；牛肉洗淨，切塊。

2 拌炒均勻
熱油鍋，先爆香蔥花、薑末，再加入豆瓣醬、醬油、糖，攪拌均勻後放入牛肉，快速翻炒入味，最後加入米酒、紅蘿蔔和白蘿蔔略為拌炒即先熄火。

3 砂鍋燜煮
將作法 2 的材料倒入砂鍋中，加水蓋過牛肉塊，燜煮 45 分鐘，食用前將料理淋在白飯上即可。

牛肉粥

 7~10 月 40 MIN

隨著胎兒長大，孕媽咪要承受的身體負擔越來越大，
牛肉可為孕媽咪補足養胎的體力，微微的蛋香佐著蔥香，好好享用吧！

材料（1 人份）

牛肉 50g　紅蘿蔔 100g
白米 50g　蛋黃 1 個
薑絲適量　蔥花適量

調味料

米酒適量　鹽適量

1 備好材料
牛肉切絲；紅蘿蔔洗淨，去皮切絲；
白米洗淨，加水泡開。

2 準備白米粥
白米加適量的水，煮至 8 分熟。

3 醃漬牛肉絲
牛肉絲用薑絲和米酒醃漬 5 分鐘。

4 汆燙材料
燒一鍋滾水，加少許鹽，放入薑絲、
鹽與牛肉絲汆燙去血水後，將牛肉
絲撈起，瀝乾。

5 烹煮粥品
牛肉絲、紅蘿蔔絲倒入白米粥內，小
火煮 20 分鐘，加入蛋黃攪散至熟，
起鍋前加鹽調味、撒上蔥花即可。

生薑羊肉粥

7~10 月 · 15 MIN

生薑切末讓多汁的生薑香味與白米粥更是充分結合，既不辣又開味，
與有益氣血的羊肉搭配，用溫和又穩定的力量來支持孕媽咪養胎。

QRcode

掃一掃 · 輕鬆學

材料（2 人份）

羊肉 100g　生薑 30g
白米粥適量

調味料

胡椒粉適量　鹽適量

1 備好材料

羊肉切成小片；生薑洗淨去皮，切
成細末。

2 烹調粥品

鍋中放入適量水加熱，再加入白米
粥、薑末、羊肉片，小火慢煮至沸
騰，起鍋前，加入鹽與胡椒粉調味
即可。

豆腐牛肉粥

7~10
月

20
MIN

富含優質胺基酸、各類礦物質的大豆，以豆腐的形式入菜，
讓孕媽咪好吸收、好消化，將養分源源不絕的供給胎中寶貝。

材料（1人份）

白飯 20g　豆腐 20g
牛絞肉 15g　水 180cc

調味料

鹽適量

1 備好材料
豆腐切成可入口的大小。

2 熬煮白米粥
鍋裡放入牛絞肉和水，煮沸後放入
白飯，以中火熬煮。

3 烹調粥品
待米粒煮軟，粥水轉濃，加入豆腐，
轉小火邊煮邊攪拌，材料煮熟後，
關火蓋上鍋蓋燜 5 分鐘，起鍋前加
鹽調味即可。

營養重點

牛肉含有蛋白質、維生素 A、
維生素 B 群、鐵、鋅、鈣、
胺基酸等營養素。容易被人
體吸收，不僅可以預防貧血，
亦可提供細胞生長發育所需。

海鮮菇菇粥

7~10 月　　20 MIN

海鮮是人體所需優質蛋白質的來源之一，所含的不飽和脂肪酸，
能有效降低血液中的低密度膽固醇，孕媽咪可以適量食用。

材料（1人份）

- 白飯 1 碗　花枝 200g
- 鮮蚵 100g　蝦子 100g
- 柳松菇 35g　芹菜 20g
- 蒜頭適量　薑片適量

調味料

- 醬油適量　白胡椒粉適量
- 鹽適量

1　備好材料

芹菜洗淨，切末；鮮蚵、柳松菇
洗淨，瀝乾；蒜頭洗淨，切片；
蝦子帶殼處理乾淨；花枝處理乾
淨，切小塊。

2　爆香材料

熱油鍋，爆香蒜片、薑片，加入
適量的醬油及水煮沸。

3　烹調粥品

鍋中依序加入白飯、花枝、鮮蚵、
蝦子，煮沸後，加入柳松菇，再
加鹽、白胡椒粉調味，起鍋後撒
上芹菜即可。

牛肉蘑菇湯

7~10 月

50 MIN

高營養價值的養胎聖品「牛肉」，除了可入菜、熬粥，也可幻化成湯品，
與甜甜的紅蘿蔔、蘑菇一起熬煮更凸顯軟嫩、鮮甜的好滋味。

材料（2 人份）

- 蘑菇 100g　蔥頭 100g
- 紅蘿蔔 150g　牛肉 50g
- 牛肉湯 150cc

調味料

鹽適量

1 備好材料
蘑菇洗淨，切小塊；紅蘿蔔洗淨，
去皮切小塊；蔥頭洗淨，切丁。

2 汆燙蘑菇
燒一鍋滾水，加少許鹽，放入蘑菇，
燙熟後取出備用。

3 燜煮牛肉
熱油鍋，放入紅蘿蔔、蔥頭以小火
微炒，再放入牛肉燜煮 40 分鐘至熟
爛。

4 烹調湯品
另取鍋子，倒入牛肉湯，放入作法 3
的材料及蘑菇，同煮至熟爛，起鍋
前加鹽調味即可。

牛肉蘿蔔湯

 7~10 月   30 MIN

白胖的白蘿蔔切片煮湯，讓人原本煩躁的心情頓時舒爽，
或許是熟悉的家常滋味，會讓孕媽咪想到小時在媽媽懷抱的溫暖回憶。

QRcode

掃一掃 · 輕鬆學

材料（2人份）

┌ 牛肉 100g　白蘿蔔 100g
└ 蒜末適量　蔥段適量

調味料

┌ 米酒適量　太白粉適量
└ 醬油適量　鹽適量

1 備好材料

白蘿蔔洗淨，去皮薄片；牛肉洗淨，
切絲。

2 醃漬牛肉

牛肉絲加醬油、米酒、蒜末攪拌均
勻，再放入太白粉拌勻，醃漬入
味。

3 烹調湯品

鍋中放入適量的水及白蘿蔔，熬煮
至蘿蔔變軟，接著放入牛肉絲，煮
熟後加鹽調味，起鍋前放入蔥段即
可。

鳳梨苦瓜雞湯

7~10
月

40
MIN

與鳳梨一同醃漬的苦瓜，只保留鹹香美味，少了讓人皺眉的苦味，
濃郁的湯頭蘊含食材精華，修補孕媽咪的氣血，增添養胎元氣。

材料（2 人份）

帶骨雞腿 1 支　醃漬鳳梨 30g
苦瓜 1/2 條　薑片適量

調味料

米酒適量　鹽少許

1 備好材料
雞腿洗淨，切塊；鳳梨切小片；苦瓜洗淨，去籽，切小塊。

2 汆燙雞肉
燒一鍋滾水，放少許鹽，放入雞肉汆燙去血水，撈起瀝乾備用。

3 燉煮湯品
鍋中加入適量水，放入汆燙好的雞肉及苦瓜、薑片、鳳梨、米酒，待煮滾後，蓋上鍋蓋小火燜煮 30 分鐘，起鍋前加鹽調味即完成。

金針菇油菜豬心湯

7~10月

30 MIN

湯頭清爽不油膩,豬心切片口感扎實,另有大量營養鮮蔬的湯料,
每一口都喝得到食材的精華,實實在在撫慰孕媽咪的紛擾心思。

材料(1人份)

豬心 1 個　金針菇 20g
油菜 50g

調味料

醬油適量　白胡椒粉適量
鹽適量

1 備好材料

油菜挑揀後,洗淨切小段;豬心
洗淨,對半。

2 汆燙豬心

燒一鍋滾水,加少許鹽,放入豬
心汆燙 20 分鐘,撈起放涼,並
切成薄片。

3 烹調湯品

另燒一鍋滾水,放入豬心片、金
針菇、油菜,煮滾後加鹽調味即
可。

白蘿蔔海帶排骨湯

7~10
月

30
MIN

海帶是富含鈣和碘的天然食材，並跟白蘿蔔一樣也富含膳食纖維，
不僅可以滋補蛋白質、礦物質，還能幫孕媽咪清理腸道老舊廢物。

材料（2 人份）

排骨 400g　新鮮海帶絲 50g
白蘿蔔 100g

調味料

米酒適量　香油適量
鹽適量

1 備好材料

海帶洗淨，瀝乾備用；白蘿蔔洗淨，
去皮切長條狀；排骨洗淨，剁成小
塊。

2 汆燙排骨

燒一鍋滾水，加少許鹽，放入排骨
汆燙去血水，撈起備用。

3 燉煮湯品

所有材料和米酒一起放入鍋中，加
適量的清水煲煮約 20 分鐘，待所有
食材熟軟，加鹽、香油調味即可。

海帶芽味噌鮮魚湯

7~10 月 ｜ 20 MIN

煮透的鱸魚在湯品中輕輕一碰肉質即可散開，魚肉吸附湯汁精華，
入口即齒頰留香，伴著軟軟的海帶芽一起品嘗，輕鬆好消化。

材料（2 人份）

鱸魚 1/2 隻　海帶芽適量
蔥花適量

調味料

味噌適量

1 備好材料

鱸魚洗淨，切塊；海帶芽洗淨，泡水
備用。

2 烹調湯品

熱油鍋，炒香蔥花後，加適量水，把
鱸魚放入，先大火煮滾再轉小火，放
入海帶芽同煮，加入味噌在湯中攪勻
調味即可。

營養重點

味噌富含蛋白質、鐵質、鈣
質、維生素 B1、維生素 B2
等，烹調時，勿滾煮太久，
以免營養流失。

清炒高麗菜

7~10月　10 MIN

高麗菜大火快炒更能緊緊鎖住食材本身豐富的天然養分，
簡單的調味，清脆、微甜的口感，即可成為孕媽咪的餐桌要角。

材料（2 人份）

高麗菜 200g　薑末適量
蒜末適量

調味料

香油適量　鹽適量

1 備好材料
高麗菜洗淨，切片。

2 香炒高麗菜
熱油鍋，油燒至 8 分熱，爆香薑末、蒜末，放入高麗菜大火快炒至熟，起鍋前加鹽、香油調味即可。

營養重點

高麗菜含有維生素 B 群、維生素 C、維生素 K、鈣、磷、鉀、有機酸等營養素。具有凝固血液、促進新陳代謝、修復黏膜的功效，其中的膳食纖維亦可促進排便，預防便祕產生。

清蒸茄段

7~10
月

20
MIN

茄子富含人體所需的養分，又富含膳食纖維，
以清蒸淋醬的方式烹調，清爽、美味，又可幫助孕媽咪提升新陳代謝率。

材料（2 人份）

┌ 茄子 1 條
└ 蒜末適量

調味料

┌ 醬油適量　烏醋適量
└ 香油適量　鹽適量

1 備好材料
茄子對剖，切長段，放入碗中。

2 調製醬汁
將蒜末、醬油、烏醋、鹽和香油
攪勻，調成醬料。

3 蒸熟茄子
茄子皮朝下放入蒸鍋，大火蒸熟
後，取出茄子，瀝乾水分，淋上
醬汁即可。

營養重點

茄子的紫色皮中含有豐富
的維生素 E 和類黃酮等營
養素。能防止微血管破裂
出血，預防壞血病及促進
傷口癒合的功效。

蝦仁炒蘿蔔

 7~10 月 15 MIN

白蘿蔔入菜依舊不改清爽、微甜的本色，因吸附了鮮蝦汁液，
增添了鮮美的海味，Q 彈的鮮蝦肉質，經蔥、薑提味，更芬芳誘人。

材料（2 人份）

白蝦 100g　白蘿蔔 100g
蔥花適量　蒜末適量

調味料

淡色醬油適量　米酒適量
香油適量　鹽適量

1 備好材料
白蝦洗淨，備用；白蘿蔔洗淨去皮，
切成細長條狀。

2 汆燙白蝦
燒一鍋滾水，放入白蝦、米酒，將
白蝦燙熟，取出放涼後，剝去蝦殼，
即為蝦仁。

3 爆香材料
熱油鍋，爆香蒜末、蔥花，再放入
白蘿蔔、醬油、米酒、鹽，加少許
水煨煮至白蘿蔔變軟。

4 蝦仁拌炒
原鍋中加入蝦仁拌炒均勻，起鍋前
淋上香油即完成。

蝦米炒海參

由蝦米提鮮的海參，軟軟滑溜，鮮美非常，
加上調味料中的醬油香與酒香，更提升味道的層次，是道拌飯佳餚。

材料（2 人份）

- 乾海參 150g　蝦米 15g
- 蔥段適量　薑末適量
- 高湯適量

調味料

- 太白粉適量　米酒適量
- 醬油適量　鹽適量

1 發漲海參

乾海參放入鍋內，加適量清水並蓋上鍋蓋，以小火煮滾後熄火，讓海參泡在熱水中發漲至變軟，撈出剖肚挖去內腸，刮淨肚內和表面雜質，再用清水洗淨。

2 備好材料

蝦米洗淨後泡水；在發漲完成的海參肚內劃十字花刀。

3 汆燙海參

燒一鍋滾水，將海參放入略煮，撈出後瀝乾水分，放涼並切小塊備用。

4 煨煮材料

熱油鍋，爆香薑末、蔥段後，倒入高湯、米酒、醬油攪拌均勻，接著放入海參、蝦米，轉小火煨煮，煮滾後以太白粉水勾芡，加鹽調味即可。

蝦皮燒豆腐

 7~10 月 15 MIN

豆腐和蝦皮都是含鈣很高的材料，是很適合養胎孕媽咪的營養佳餚，
尤其蝦皮的鮮香、蔥香及醬香撲鼻而來，更是令人胃口大開。

材料（2人份）

- 豆腐 100g　蝦皮 10g
- 薑末適量　蔥花適量

調味料

- 醬油適量　太白粉適量
- 糖適量　鹽適量

1 備好材料
豆腐切成可入口的大小，備用。

2 汆燙蝦皮
燒一鍋滾水，放入蝦皮汆燙後，撈起備用。

3 爆香材料
熱油鍋，爆香薑末、蝦皮，炒至散發出香味即可。

4 烹煮材料
放入豆腐、醬油、糖、鹽、適量的水，與蝦皮一起煮滾後，以太白粉水勾芡，起鍋前撒入蔥花即可。

營養重點

蝦皮富含蛋白質和礦物質，尤其鈣的含量極為豐富，有"鈣庫"之稱，是補鈣的較佳途徑。

鮮蔬蝦仁

7~10 月　15 MIN

山藥含多酚氧化，有利於增強脾胃消化吸收功能，
蝦仁清淡爽口，易於消化，這道菜很適合消化不良的孕媽咪食用。

材料（2 人份）

蝦仁 100g　山藥 100g
西洋芹 30g　紅蘿蔔 30g

調味料

太白粉適量　米酒適量
香油適量　糖適量
鹽適量

1 備好材料

山藥去皮，鹽水浸泡後，切丁；
西洋芹洗淨，切丁；紅蘿蔔洗淨，
去皮，切丁；蝦仁去腸泥，洗淨。

2 醃漬蝦仁

蝦仁中加入鹽、米酒、糖，醃漬
20 分鐘至入味，下鍋前裹上太白
粉。

3 拌炒均勻

熱油鍋，蝦仁、紅蘿蔔同炒至半
熟，再放入山藥、西洋芹，所有
材料炒熟後，加鹽、香油調味即
可。

翡翠透抽

7~10 月　15 MIN

翠綠的西洋芹、鮮紅的紅蘿蔔，搭配香 Q 彈牙的透抽，
讓人有視覺及味覺的雙重享受，可讓孕媽咪一口接一口停不下來。

材料（2 人份）

透抽 1 隻　西洋芹 200g
紅蘿蔔適量　辣椒適量
蒜末適量　薑末適量

調味料

米酒適量　鹽適量

1 備好材料

透抽洗淨，切花刀後切片；西洋芹
洗淨，切長條狀；紅蘿蔔洗淨去皮，
切長條狀；辣椒洗淨去籽，切絲配
色用。

2 汆燙食材

燒一鍋滾水，放入紅蘿蔔、西洋芹
汆燙後撈起，再放入透抽燙至變白
後撈起。

3 大火快炒

熱油鍋，以小火爆香蒜末、薑末，
再轉大火，放入西洋芹、紅蘿蔔、
透抽拌炒均勻，淋上米酒，最後加
鹽調味即可。

砂仁鱸魚

鱸魚肉質鮮美，而且富含易於被人體吸收的營養成分，
對孕媽咪及胎兒都是極佳的營養來源，配上芳香的砂仁，絕對開胃。

材料（2 人份）

鱸魚 1 條　砂仁 20g
蔥絲適量　薑絲適量

調味料

米酒適量　醬油適量
太白粉適量　鹽適量

1 備好材料

砂仁洗淨，敲碎；鱸魚去鱗及內
臟，洗淨，抹乾水分，在魚身上
斜劃兩刀。

2 清蒸鱸魚

將砂仁、米酒、鹽均勻抹在魚身
上，入鍋隔水蒸 12 分鐘後取出。

3 準備芡汁

熱油鍋，爆香蔥絲、薑絲，加入
醬油及適量水煮滾後加太白粉水
勾芡，將芡汁淋在蒸好的魚上即
可。

豬肉蘆筍捲

7～10月　20 MIN

豬肉捲薄薄裹上麵粉微煎，為肉香更增添淡淡的麵粉香氣，
也讓豬肉上色更均勻，配上鮮綠的蘆筍，讓眼睛跟嘴巴同步享用美食。

QRcode

掃一掃・輕鬆學

材料（2 人份）

- 豬五花肉片 270g
- 蘆筍 20 支　麵粉適量

調味料

- 黑胡椒粉適量
- 鹽少許

1 備好材料
蘆筍洗淨，切小段，放入滾水中燙
3 ～ 5 分鐘後，撈起放入冷水中，
瀝乾備用。

2 肉片捲蘆筍
將五花肉片對半切並鋪平，撒上少
許鹽、黑胡椒粉，接著用五花肉片
將蘆筍捲起來，再以牙籤固定。

3 沾裹麵粉
取一小盤，放入適量麵粉，將豬肉
蘆筍捲表層均勻沾上麵粉。

4 香煎豬肉蘆筍捲
熱油鍋，將捲好的豬肉蘆筍捲下鍋
煎熟即可。

豆腐肉餅

7~10 月　　20 MIN

豐富的蛋白質含量，用更低的負擔取得，每咬一口都蘊含肉汁精華，
淡鹹中帶著微甜的滋味，是道會令孕媽咪感到滿足的美食。

QRcode

掃一掃 ・ 輕鬆學

材料（1 人份）

- 豬絞肉 200g　板豆腐 200g
- 洋蔥 1/4 顆　蛋 1 顆
- 太白粉 4 大匙

調味料 A

- 白胡椒粉 1/8 小匙
- 鹽 0.5 小匙

調味料 B

- 醬油 1 大匙　味醂 1 大匙
- 米酒 1 大匙　白醋 2 大匙
- 糖 1 大匙　蠔油 1 小匙
- 水 150cc

1 備好材料

調味料 B 混合均勻成醬汁備用；
將板豆腐壓成泥狀，瀝乾多餘的
水分；豬絞肉用刀剁細至出現黏
性；洋蔥洗淨，去皮切末。

2 拌勻餡料

將豆腐、豬絞肉、洋蔥、蛋、太
白粉和調味料 A 放入容器中混合
後，攪拌均勻，即為餡料。

3 香煎豆腐肉餅

熱油鍋，將餡料整成大小一致的
圓餅狀，以中小火將肉餅煎至兩
面金黃，即可盛起。將原鍋中多
餘的油倒掉，放入調味料 B，拌
均後煮至沸騰，加少許米酒，最
後加入太白粉水勾芡，放入豆腐
肉餅再煮 1 分鐘即完成。

菠菜炒牛肉

 7~10 月

 10 MIN

肉絲口感嫩滑，肉汁的浸潤讓菠菜口感更滑順，提升每一口的營養價值感，
本道菜含有充沛的鐵質、蛋白質，可以幫孕媽咪好好補一下精力。

材料（2 人份）

☐ 菠菜 300g　牛肉絲 200g
☐ 蒜頭適量

調味料

☐ 米酒適量　太白粉適量
☐ 白胡椒粉適量　鹽適量

1 備好材料
菠菜洗淨，去根部，切段。

2 醃漬牛肉絲
牛肉絲中加入米酒、白胡椒粉、鹽
和太白粉，抓醃入味。

3 略炒食材
熱油鍋，放入牛肉絲略炒至 5 分熟，
盛起備用。

4 拌炒均勻
原鍋中下少許油，小火爆香蒜頭，
再轉大火，放入菠菜拌炒均勻，炒
至菠菜變軟後，加入牛肉絲炒 30
秒，加鹽調味即可。

肝燒菠菜

沾裹地瓜粉的豬肝，口感更顯滑嫩，這道補血養生料理，
可以增進食慾、改善腸道蠕動，豬肝是補血好食材，一起嚐嚐看。

材料（1人份）

- 豬肝 200g　菠菜 200g
- 地瓜粉 1 杯　蒜末適量

調味料

- 米酒適量　糖適量
- 醬油適量

1 備好材料

豬肝洗淨，切片；菠菜洗淨，切長段。

2 醃漬材料

豬肝加入醬油、米酒、糖拌勻，再加入地瓜粉沾勻，靜置 5 分鐘反潮。

3 酥炸豬肝

熱油鍋，放入豬肝炸酥，撈出備用。

4 香炒材料

留鍋底油，爆香蒜末，放入菠菜炒軟，再加入豬肝翻炒，最後加入醬油、米酒、糖，拌炒均勻即可。

薑絲炒肚絲

7~10 月

70 MIN

處理得宜的豬肚，又嫩又好吃，對於最近顯得有點疲憊、虛弱的孕媽咪而言，
豬肚是很適合的補氣食材，也可以幫胎兒打打氣。

材料（2 人份）

薑絲 50g　豬肚 200g
紅蘿蔔絲適量

調味料

白醋適量　冰糖適量
香油適量　鹽適量

1 備好材料
豬肚洗淨。

2 清燉豬肚
豬肚放入砂鍋，加適量的水，小火
燉煮 1 小時候撈出，待涼切絲。

3 香炒豬肚
熱油鍋，爆香薑絲，放入紅蘿蔔絲
炒熟，再加入豬肚絲，最後加入白
醋、冰糖及鹽調味，拌炒均勻，起
鍋前淋上香油即可。

蓮藕燉牛腩

 7~10 月　 190 MIN

蓮藕所含的特殊營養成分，有助於讓孕媽咪安定心神，
尤其湯汁清甜、口感鬆軟，讓食用者好吸收、好消化，是食補好料理。

材料（2人份）

┌ 牛腩 150g　蓮藕適量
└ 紅蘿蔔適量　黃豆適量

調味料

鹽適量

1 備好材料

牛腩洗淨，切大塊，並切掉肥油；
蓮藕與紅蘿蔔去皮洗淨，切塊；
黃豆放清水，泡發。

2 汆燙牛腩

燒一鍋滾水，加少許鹽，放入牛
腩汆燙去血水，撈起備用。

3 小火慢燉

將所有材料放入鍋內，加入適量
清水，大火煮沸後，轉小火慢煲
3小時至牛腩軟爛，出鍋前加鹽
調味即可。

牛蒡炒肉絲

7~10 月 / 20 MIN

牛蒡富含膳食纖維，可加速腸胃內老廢物質的排出，
有利於孕媽咪吸收足夠的養分來照顧自己與胎兒。

材料（2 人份）

- 牛蒡 200g　瘦豬肉 100g
- 薑絲適量　蔥花適量

調味料 A

- 蛋白 1 顆　醬油適量
- 糖適量　太白粉適量

調味料 B

- 醬油適量　糖適量
- 鹽適量

1 備好材料

瘦豬肉洗淨，切絲；牛蒡洗淨，去皮切絲，泡在鹽水中。

2 醃漬豬肉絲

豬肉絲加入調味料 A 拌勻，醃漬 10 分鐘至入味。

3 香炒材料

熱油鍋，爆香薑絲，放入豬肉絲炒散，再放入牛蒡、醬油、糖，加適量的水，小火煨煮 2 分鐘至熟，撒上蔥花即可。

芹菜炒肉絲

 7~10月 20 MIN

簡單又美味的芹菜炒肉絲上桌囉～爽脆的西洋芹口感，
讓醃漬入味的豬肉絲一點也不會有膩口的感覺，美味又健康。

材料（2人份）

┌ 豬瘦肉 250g　西洋芹 100g
└ 蔥花適量　薑絲適量

調味料 A

┌ 太白粉適量　醬油適量
└ 糖適量

調味料 B

┌ 米酒適量　醬油適量
└ 糖適量　鹽適量

1 備好材料

西洋芹挑揀洗淨，切斜刀；瘦豬肉洗淨，切絲。

2 醃漬豬肉絲

豬肉絲加入調味料 A 拌勻，醃漬 10 分鐘至入味。

3 香炒材料

熱油鍋，爆香薑絲，放入肉絲和西洋芹翻炒，用米酒嗆鍋，加醬油、糖、鹽調味，加少許水小火煨煮，起鍋前，加入蔥花即可。

豬肉燉長豆

7~10
月

30
MIN

翠綠有口感的長豆、油脂分布均勻的梅花豬肉，
鹹甜的香氣及食材透出的油量色澤，哇！孕媽咪記得擦口水喔！

材料（2人份）

梅花豬肉 200g　長豆 120g
紅蘿蔔 100g　薑片適量
蒜末適量

調味料

米酒適量　醬油適量
糖適量

1 備好材料

長豆洗淨，切段；紅蘿蔔洗淨，去
皮，切長條狀；梅花豬肉切塊

2 香煎豬肉

熱油鍋，豬肉煎至兩面焦黃。

3 小火燜煮

原鍋加入薑片、蒜末爆香，再加入
紅蘿蔔、長豆翻炒均勻，放米酒、
糖、醬油調味，待醬汁煮滾，加水
淹過一半的食材並攪拌均勻，等再
次煮滾後蓋上鍋蓋，轉小火燜煮 15
分鐘至材料熟透、收汁即可。

Part 5

養胎瘦孕
小點心

孕媽咪 10 月養胎，除了要提供胎兒足夠的營養，自己的體重還要控制在合理範圍內，因此貫徹少量多餐的飲食原則尤為重要。如果孕媽咪在正餐後仍感到飢餓感，可在兩餐中補充一些營養美味、膳食纖維高及熱量低的小點心。

蓮藕排骨湯

1~10
月

70
MIN

熬煮入味的湯頭鮮甜可口，有排骨天然油脂的滋潤，
蓮藕口感更是鬆軟綿密，吃進體內既補營養又幫助消化。

材料（2 人份）

蓮藕 200g　排骨 150g
紅棗 30g

調味料

鹽適量　糖適量

1 備好材料
蓮藕去皮，切小塊；紅棗清水沖洗。

2 汆燙排骨
燒一鍋滾水，加少許鹽，放入排骨
汆燙去血水，撈起備用。

3 烹調湯品
材料放入鍋中，加適量水煮滾後，
轉小火加蓋續煮 1 小時，起鍋前加
入適量鹽、糖即可。

營養重點

蓮藕含有維生素 C、蛋白質
及氧化 等營養成分，有助
於解煩、渴及安定心神。

冬瓜干貝湯

冬瓜營養價值高，富含多樣微量元素的干貝可有穩定孕媽咪的情緒，
本湯品可緩解孕媽咪水腫困擾，又可讓孕媽咪精神舒緩及放鬆喔！

材料（2 人份）

冬瓜 130g
干貝 20g

調味料

鹽適量　米酒適量

1 備好材料
冬瓜削皮，去籽，洗淨後切片；干貝洗淨，浸泡 30 分鐘，去掉老肉。

2 烹調湯品
冬瓜、干貝放入鍋內，加適量水燜煮 10 分鐘，起鍋前，加鹽調味即可。

營養重點

干貝富含蛋白質、胺基酸、核酸、核黃素和鈣、磷、鐵…等多種營養，對頭暈目眩、口乾舌燥、脾胃虛等，有很好的治療作用。

121

肉片冬粉湯

1~10
月

20
MIN

醃過的豬肉片，肉質滑嫩好入口，是營養價值高的豬肉，
可提高孕媽咪的免疫力，並可為胎兒提供豐富的營養。

材料（2人份）

- 豬肉 100g　冬粉 50g
- 蔥段適量　薑絲適量

調味料 A

- 太白粉適量　米酒適量
- 鹽適量

調味料 B

鹽適量　香油適量

1 備好材料

冬粉放入冷水泡開；豬肉洗淨，切
片。

2 醃漬豬肉

豬肉加調味料 A 拌勻，醃漬 10 分
鐘至入味。

3 烹調湯品

鍋中加適量的水煮滾，放入豬肉片，
蔥段與薑絲略煮後，放入冬粉，煮
熟後加鹽調味，起鍋前淋上香油即
可。

肉絲銀芽湯

本道湯品香脆可口，黃豆芽中所含的維生素，有益於補氣養血，
供給人體需要的維生素 B，非常適合孕媽咪食用。

材料（2 人份）

黃豆芽 100g　豬肉 50g
冬粉 25g

調味料

米酒適量　鹽適量

1 備好材料

冬粉放入冷水泡開；豬肉洗淨，
切絲；黃豆芽挑揀，洗淨。

2 香炒材料

熱油鍋，放入黃豆芽、肉絲翻炒
至 8 分熟，加入米酒、鹽、冬粉
跟適量的水，煮滾加鍋蓋再煮 5
分鐘即可。

營養重點

黃豆芽含有 β-胡蘿蔔
素、維生素 B 群、維生素
E、葉酸等營養素。能保
護皮膚和微血管，消除身
體疲憊，防止動脈硬化，
亦是美容養顏聖品。

雪菜筍片湯

鹹香的雪菜入湯，融合冬筍的清甜與肉汁香氣，
整道湯品轉化成鹹甜的回甘好滋味，淋上香油的油亮光澤更是誘人。

材料（2 人份）

雪菜 50g　冬筍片 60g
瘦豬肉 25g

調味料

米酒適量　香油適量
鹽適量

1 備好材料
雪菜切成細末，冬筍切片，瘦豬肉
切絲。

2 爆香材料
熱油鍋，爆香雪菜、筍片。

3 烹調湯品
作法 2 的鍋中加水，煮滾後放入肉
絲迅速撥散，加鹽與米酒待再次煮
滾即關火，最後淋上香油即可。

營養重點

雪菜富含蛋白質、鈣質、維
生素 C 以及植物纖維；冬筍
則含有高纖維與多種維生素，
適量食用可促進胃腸消化。

山藥冬瓜湯

1~10
月

15
MIN

薑片微嗆的口感，讓看起來清淡的湯顯得味道不凡，冬瓜綿軟、山藥鬆軟，
兩者在口中激盪出不同的口感層次，是道解膩的好湯品。

材料（2人份）

- 山藥 135g　冬瓜 220g
- 薑片適量　蔥段適量

調味料

香油適量　鹽少許

1 備好材料
山藥、冬瓜洗淨，去皮，切片。

2 烹調湯品
燒一鍋滾水，將薑片、蔥段下鍋，
放入冬瓜、山藥，煮滾後加鹽調味，
起鍋前滴入香油即可。

營養重點

山藥含有蛋白質、醣類、維
生素 B 群、維生素 C、維生
素 K、鉀等營養素，具有健
脾益胃、補精益氣、緩解便
祕之作用。

干貝絲燴娃娃菜

1~10 月　15 MIN

娃娃菜水煮味道清甜，淋上含有干貝、蝦米的華麗湯汁，
有別於一般的清炒，味道更顯豐富，入口感受更多樣化。

材料（2 人份）

┌ 娃娃菜 250g　干貝 20g
└ 蝦米 15g　薑末適量

調味料

┌ 蠔油適量　香油適量
└ 米酒適量　糖適量

1 備好材料

娃娃菜洗淨，去根部，對切；干貝
洗淨泡開，壓成絲狀；蝦米洗淨，
浸泡備用。

2 水煮娃娃菜

燒一鍋滾水，放入娃娃菜燙熟，撈
出盛盤。

3 準備湯汁

熱油鍋，爆香薑末，放入干貝、蝦
米翻炒，加入蠔油、糖、浸泡干貝
和蝦米的水、米酒，煮至微收汁後，
淋入香油，起鍋將湯汁淋在娃娃菜
上即可。

栗子白菜

1~10月　20 MIN

栗子營養豐富，對於因為需供應胎兒大量成長養分的孕媽咪而言，
栗子是很好的營養來源，鬆軟香甜的味道，讓白菜也變得更可口。

材料（2人份）

大白菜 300g　栗子 100g
蔥花適量　薑末適量

調味料

太白粉適量　鹽適量

1 備好材料
栗子去皮，洗淨；大白菜洗淨，
切成小片。

2 栗子過油
栗子在油鍋內過油，取出備用。

3 拌炒均勻
熱油鍋，放入大白菜略炒後盛
出；原鍋中再加些油燒熱，炒香
蔥花、薑末後，放入大白菜與栗
子以中火翻炒，加適量水燜煮至
熟，起鍋前用太白粉水勾芡，加
鹽調味即可。

127

山藥香菇雞

瀰漫在空氣中的香菇香氣，彈牙的雞腿肉、鬆軟的紅蘿蔔與富含纖維的山藥，除了感染香菇香氣也吸飽了雞汁精華及醬油鹹香美味，營養又可瘦身。

QRcode

掃一掃 · 輕鬆學

材料（2人份）

- 山藥1根　紅蘿蔔1/2根
- 去骨雞腿肉1支
- 乾香菇2～3朵

調味料

- 米酒適量　醬油適量
- 糖適量

1 備好材料

山藥洗淨，去皮切片；紅蘿蔔洗淨，去皮切片；香菇泡軟，去蒂，一開四；雞腿洗淨，切成2～3公分塊狀。

2 烹調材料

熱油鍋，放入雞腿煎至表面焦黃，加山藥、紅蘿蔔、香菇及米酒翻炒，再加醬油和糖調味，最後放入泡香菇的水，再加少許水蓋過食材的一半，煨煮至湯汁濃稠略收乾即可。

涼拌素什錦

色彩繽紛的蔬菜拼盤，兼具賞心悅目與養分大補帖的功效，
膳食纖維大集合，幫孕媽咪清清腸胃，讓身體可以更好吸收養分。

材料（2 人份）

紅蘿蔔 100g　香菇 100g
蘑菇 100g　番茄 100g
玉米筍 100g　荸薺 100g
綠花椰菜 100g

調味料

香油適量　淡色醬油適量
糖適量　鹽適量

1 備好材料

紅蘿蔔去皮，洗淨，切小段；香菇、蘑菇與番茄洗淨，切片；玉米筍洗淨，切段；荸薺洗淨，去皮切片；綠花椰菜挑揀後洗淨，切小朵。

2 汆燙材料

燒一鍋滾水，加點鹽，將所有材料放入汆燙，熟了即撈起。

3 拌勻材料

汆燙熟的所有材料放入盤中，加香油、鹽、淡色醬油、糖拌勻即可。

營養重點

荸薺富含磷，能促進人體的生長發育，對牙齒骨骼的發育有很大好處，所含的維生素 A、維生素 C，能抑制皮膚色素沉著和脂褐質沉積。

129

番茄蒸蛋

1~10
月

20
MIN

蒸蛋香氣瀰漫，蘊含著微微的番茄酸甜香味，所含的養分，
讓孕媽咪越吃越美麗，還可以增強血管彈性，展現好氣色。

材料（2 人份）

番茄 2 顆　蛋 1 顆
蔥花適量

調味料

太白粉適量　香油適量
鹽適量

1 備好材料

番茄洗淨，去皮，切丁；蛋打散，
加入鹽、太白粉水攪拌均勻，用篩
網過濾蛋液。

2 香蒸番茄蛋

蛋液中加入番茄丁，放入蒸鍋，中
火蒸 10 分鐘後取出，撒上蔥花，淋
上香油即可。

營養重點

番茄的茄紅素是一種抗氧化
劑，有助延緩老化；所含的
類胡蘿蔔素、維生素 C 可增
強血管功能，有益於維持皮
膚健康。

五彩干貝

各色食材切丁，除了營養周到，也顧及方便入口咀嚼，容易消化，
讓各色營養進駐孕媽咪體內守護胎兒。

材料（2 人份）

- 干貝 40g　南瓜 80g
- 山藥 100g　西洋芹 100g
- 紅甜椒 50g

調味料

- 太白粉適量　米酒適量
- 蠔油適量　香油適量
- 糖適量　鹽適量

1 備好材料

干貝浸泡；南瓜去皮，洗淨，去籽，切丁；山藥洗淨，去皮，切丁；西洋芹洗淨，切丁；紅甜椒洗淨，去籽，切丁。

2 清蒸干貝

干貝加少許米酒，放入蒸鍋蒸 30 分鐘，取出備用。

3 汆燙蔬菜

燒一鍋滾水，加少許鹽，依序汆燙南瓜、山藥，快熟時，再放入西洋芹、紅甜椒，燙熟了即撈出備用。

4 拌炒均勻

熱油鍋，放入作法 3 的蔬菜翻炒，再加入干貝、蠔油、鹽、糖拌勻，加入少量水，小火煨煮 3 分鐘，接著以太白粉水勾芡，起鍋前，滴入香油即可。

南瓜煎餅

 30 MIN

香甜 Q 軟不油膩,每個煎餅都有滿滿的南瓜泥,
即使是小點心,也提供了孕媽咪滿滿的營養喔!

QRcode

掃一掃 · 輕鬆學

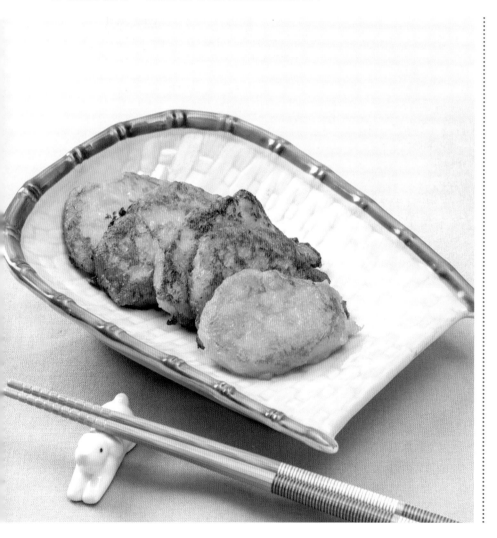

材料(2 人份)

- 南瓜 200g
- 糯米粉 50g

調味料

糖漿 1 大匙

1 備好材料

南瓜洗淨去皮,放到內鍋中,在將
內鍋放進電鍋中,外鍋倒入 1 杯
水,按下開關,蒸至開關跳起,將
蒸熟的南瓜壓成泥,即為南瓜泥。

2 拌勻材料

南瓜泥中加入糯米粉跟糖漿拌勻,
即為南瓜糊。

3 香煎南瓜餅

熱油鍋,舀 1 大匙南瓜糊,壓平後
將兩面煎熟即完成。

南瓜糯米球

色澤飽滿的南瓜糯米球,都是天然的食材用心製作而成,
不添加任何的化學色素,讓孕媽咪與胎兒安心享用。

QRcode

掃一掃 · 輕鬆學

材料（2 人份）

南瓜泥 400g　糯米粉 60g
紅豆泥適量

調味料

糖漿 2 大匙

1 備好材料
南瓜洗淨去皮,放到內鍋中,在將
內鍋放進電鍋中,外鍋倒入 1 杯
水,按下開關,蒸至開關跳起,將
蒸熟的南瓜壓成泥,即為南瓜泥。

2 拌勻材料
將南瓜泥、糖漿、糯米粉混合,攪
拌均勻成南瓜麵糰。

3 包入紅豆泥
將南瓜麵糰分成大小一致的小糰,
每個小糰揉圓壓平後包入適量紅豆
泥,再包起來,將收口收緊,捏成
圓球狀,用叉子壓出痕跡。

4 放入蒸鍋
待蒸鍋水滾後,將南瓜糯米球放入
蒸鍋中,蒸 25 分鐘,蒸熟即完成。

蜜汁甜藕

1~10
月

60
MIN

蓮藕的營養成分對於孕媽咪有安神、淨血化淤、清熱解毒的功效，
幫助孕媽咪維持神清氣爽的好膚質與好氣色。

材料（2 人份）

蓮藕 750g　糯米 150g
蓮子 25g

調味料

冰糖適量　蜂蜜適量
桂花釀適量　太白粉適量

1 備好材料

蓮藕洗淨刷去外皮，切去一端藕節；
糯米洗淨，浸泡 2 小時，瀝乾備用。

2 香蒸蓮藕

蓮藕孔內灌入糯米，邊灌邊用筷子
順孔向內戳，將糯米填滿藕孔後，
放入蒸鍋以大火蒸 20 分鐘，蒸熟即
可取出，微放涼後切片，備用。

3 製作淋醬

燒一鍋滾水，放入冰糖和蓮子，煮
至蓮子熟軟，再放入蜂蜜、桂花釀
煮滾後，加入太白粉水勾芡，淋在
蒸好的藕片上即可。

蜜棗南瓜

1~10
月

30
MIN

甜蜜又富含纖維與各式營養素的好滋味,天然的鮮豔色澤讓眼睛為之一亮,
也讓孕媽咪甜甜蜜蜜地休息一下,暫時忘卻心中的煩憂。

材料(2人份)

南瓜 200g　蜜棗適量
白果適量　枸杞適量

調味料

糖適量

1 備好材料

南瓜洗淨,去皮,切丁;蜜棗、
枸杞用溫水泡發。

2 清蒸材料

蜜棗、白果排入碗中,再放入南
瓜丁,入蒸籠蒸 15 分鐘,蒸熟
取出後扣入盤中。

3 製作淋醬

鍋中加入糖與適量的水,煮滾後
再放入枸杞,最後淋在蜜棗南瓜
上即可。

木瓜牛奶

1~10月　10 MIN

木瓜牛奶香氣濃郁、甜美可口、營養豐富，
木瓜酵素能清心潤肺還可以幫助消化，對孕媽咪很有幫助喔！

材料（2人份）

┌ 木瓜 300g
└ 牛奶 500cc

調味料

糖適量

1 備好材料
木瓜洗淨，削皮切塊。

2 製作果汁
果汁機中放入木瓜、牛奶、糖，按下開關，確認木瓜皆已成汁液即可。

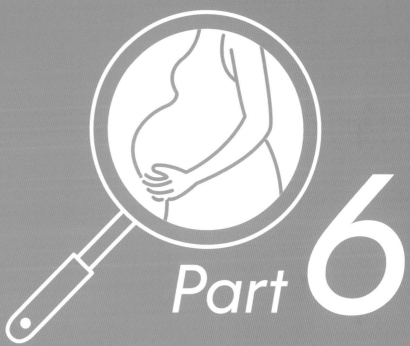

Part 6

養胎瘦孕
Q&A

孕媽咪的飲食營養決定了胎兒的生長和發育，
對寶寶出先後的健康狀況也有關鍵作用。如何
做好孕期飲食調養是孕媽咪必修之課。在 10 月
養胎期間，孕媽咪會遇到哪些飲食上的問題呢？
該如何解決呢？讓我們趕快來看以下的內容

養胎瘦孕 Q&A

孕媽咪最想知道的養胎瘦孕祕訣 & 孕期生活飲食宜忌

Q1 孕媽咪的主食需要注意哪些事項？

A1 孕媽咪要多吃粗糧，少吃精製主食。所謂精製主食就是將米、麵粉等食物經過多道加工程序，製成精製米或精製麵粉，而米和麵的加工越細，穀物的營養素損耗就越多，所含營養成分就越少，會導致維生素 B1 缺乏症。維生素 B1 是參與人體物質和能量代謝的重要物質，如果孕媽咪缺乏維生素 B1，就會使胎兒容易罹患先天性腳氣病，以及吸吮無力、嗜睡、心臟擴大、心衰竭等疾病，還會導致出生後死亡。

Q2 孕媽咪在外進食吃得太鹹怎麼辦？

A2 孕媽咪要儘量避免在外進食，否則較難以避免高熱量、高油、過鹹等問題。因此孕媽咪要管住嘴，如果遇到外食部分食物不健康，可以自帶一些蔬菜沙拉等口味清淡的食物。如果已經吃了較多過鹹的食物，孕媽咪要增加日間飲水量，儘量析出體內的鹽分，也可喝一些牛奶，但是不要在晚飯後飲水過多，以免加重水腫及夜尿。

Q3 孕媽咪可以吃巧克力嗎？

A3 很多孕媽咪認為懷孕後不能吃巧克力。因為巧克力所含糖分很高，可能誘發妊娠糖尿病，而其中含有類似咖啡和茶的刺激成分，會影響寶寶神經系統發育。但芬蘭最新研究發現，在妊娠期間愛吃巧克力的孕媽咪所生的寶寶在出生 6 個月後更喜歡微笑或表現出開心的樣子，較不怕陌生人。因此，孕媽咪也能吃巧克力，只是要視自己身體狀況及體重變化適量食用。

失眠怎麼辦？

1. 睡前喝一杯熱牛奶
睡前喝一杯加少量糖的熱牛奶，能增加人體胰島素分泌，促進色胺酸進入腦細胞，使大腦分泌有助於睡眠的血清素。牛奶中還含有微量嗎啡式物質，具有鎮定安神作用，能夠促使孕媽咪安穩入睡。

2. 晚餐喝些小米粥
將小米熬成稍微黏稠的粥，在睡前半小時適量進食，有助於睡眠。小米中的色胺酸含量極高，具有安神催眠作用，並且富含澱粉，進食後可促進胰島素分泌，進而增加進入大腦的色胺酸含量，使大腦分泌更多有助於睡眠的血清素。

3. 適當吃些堅果
堅果中含有多種胺基酸和維生素，有助於調節腦細胞的新陳代謝，提高腦細胞的功能。孕媽咪睡前適當吃些堅果，有利於睡眠。

4. 臨睡前吃一個蘋果
中醫認為，蘋果具有補腦養血、安眠養神的作用，並且其濃郁的芳香氣味，有很強的鎮靜作用，能催人入眠。

5. 在床頭放一個剝開的柑橘
孕媽咪吸聞柑橘的芳香氣味，可以鎮靜中樞神經，幫助入眠。

Q4 不愛吃肉的孕媽咪能不能用蛋白質粉來補充蛋白質呢？

A4 孕媽咪最好不要以服用蛋白質粉的方式來補充動物蛋白質的不足。這是因為孕媽咪一旦服用蛋白質粉超標，很容易導致水腫、高血壓、頭疼、頭暈等症狀，會加重腎臟負擔，對母嬰健康都十分不利。若一定要服用，須遵照醫囑行事。

Q5 孕媽咪可以吃草酸的食物嗎？

A5 菠菜、竹筍、茭白筍等蔬菜不僅營養豐富，還含有孕媽咪所必需的葉酸，但是這些食物中均含有較多的草酸。草酸會破壞人體對蛋白質、鈣、鐵、鋅等營養素的吸收，長期食用會導致胎兒生長緩慢或發育不良。但是這些食物也不是不能食用，孕媽咪可以定期少量進食，在烹調時一定要先用開水燙一下，去掉大部分草酸，再進行後續烹製，並避免營養素流失。

Q6 孕媽咪可以吃火鍋嗎？

A6 孕媽咪應避免在外用餐，尤其要避免在外吃火鍋，這是因為一般餐廳所使用的湯底、材料的安全衛生無法讓人放心。如果孕媽咪偶爾想吃一次火鍋，可以在家中自行準備材料，把關好食物安全。在吃火鍋時，一定要注意將食物燙透、燙熟後再吃，尤其是肉類食物，其中含有很多弓形蟲病菌，短暫加熱很難殺死，一旦被孕媽咪吃進肚中，病菌會通過胎盤傳染給胎兒，造成發育受阻甚至畸形。此外，要多備一雙夾取生食物的筷子，生熟食物分開夾取，避免生食物中的細菌和病菌被筷子帶入口中。

不愛吃肉怎麼辦？

1. **選擇近似動物蛋白的植物蛋白**

   近似動物蛋白的植物蛋白主要是指豆類及豆類製品。豆類食物中的植物蛋白質中的胺基酸組成成分與動物蛋白十分近似，能使人體較容易吸收利用。孕媽咪可以在飲食中適當多吃一些黃豆、綠豆、紅豆、豆芽、扁豆、豆腐、豆漿、豆乾等食物。

2. **選擇含有動物蛋白的乳製品和蛋類食物**

   乳製品和蛋類食物中含有的蛋白質也屬於動物蛋白，能夠幫助孕媽咪補充所缺乏的動物蛋白。孕媽咪每日可以喝 2~3 杯牛奶，可以用孕媽咪奶粉代替鮮奶，不敢喝牛奶的孕媽咪也可以用起司、優酪乳等替代；每日吃 1~2 顆雞蛋，或者 3~5 顆鵪鶉蛋。

3. **多補充些其他蛋白質**

   除上述所列食物外，其他富含蛋白質的食物主要包括穀物類食物和堅果類食物。這兩種類食物都屬於植物性蛋白，孕媽咪可依懷孕前的身體狀況跟目前的身體情況做比較，每日適當進食，以補充缺乏的蛋白質。

Q7 如果不小心吃了易導致流產的食物該怎麼辦？

A7 若食用量較小，孕媽咪不必驚慌，一般不會有危險。若食用量很大，或者已經產生身體不適，就要及時就醫檢查，儘快採取有效保胎措施。

Q8 孕吐嚴重時，孕媽咪是否可以不要吃早餐？

A8 無論孕吐與否，孕媽咪一定要確實吃早餐。懷孕後，孕媽咪的身體負擔越來越大，不吃早餐很容易使孕媽咪低血糖，導致頭暈，降低體力，還會使胎兒受到這種不規律飲食的影響。為了能夠使胎兒的發育不受到影響，能夠順利分娩，孕媽咪一定要在懷孕早期就養成良好的早餐習慣。孕媽咪不僅要吃早餐，還要保證早餐品質，如應多吃一些溫胃食物，如燕麥粥、牛奶、豆漿、饅頭、雜糧粥、雞蛋等。如果一開始不習慣在早餐吃很多食物，或者因為孕吐而沒有胃口，可以吃一些清淡小菜，或者蘇打餅等食物，逐漸打開胃口，再適當多吃一些營養豐富的食物。

Q9 懷孕早期需要補充孕媽咪奶粉嗎？

A9 孕媽咪奶粉比一般奶粉多添加了多種懷孕期所需要的營養素，如葉酸、鐵、鈣、DHA 等，能夠滿足孕媽咪的營養所需。但是在懷孕早期，孕媽咪還不需要大量的熱量和營養素，只要日常的飲食均衡即可，況且處在噁心、嘔吐等反應中的孕媽咪，也會對奶粉產生抗拒。等到了懷孕中期和懷孕後期，不適反應消退，孕媽咪的營養攝取不能滿足胎兒的快速成長時，再進行補充即可。

對抗懷孕不適反應

1. 遠離噁心的氣味

孕媽咪會因人而異地對廚房油煙、汽車排氣、肉味等氣味產生反感，甚至會加重頭暈、噁心、嘔吐等不適，因此孕媽咪要遠離容易讓自己感到噁心的氣味，減少不適產生。

2. 多吃能調味的食物

孕媽咪可以依照自己的喜好，多吃一些具有提味效果或特殊味道的食物，以增強食慾，如榨菜、牛肉乾、柑橘、酸梅、優酪乳、涼拌黃瓜、糖醋排骨等食物。

3. 遵循少量多餐的原則

孕媽咪一次不要進食太多食物，否則很容易因胃部脹滿而更易引發嘔吐。因此孕媽咪可以遵循少量多餐的原則，在三餐中進行加餐，可以每 2~3 小時少量進食一次，如吃些蘇打餅、麵包、瓜子、乳製品、水果等。

4. 適當多吃液體食物

頻繁嘔吐的孕媽咪要適時補充水分，可以在飲食中多喝一些粥類、鮮榨水果汁、新鮮水果等食物，以補充身體流失掉的大量水分，也可預防便祕及痔瘡產生。

Q10 如何判斷和預防孕媽咪營養過剩？

A10 判斷營養過剩的方式很簡單，就是每週稱一次體重，如果每週增重超過 0.5 公斤，就很有可能出現營養過剩。此時孕媽咪在自行調整飲食策略的同時，還要諮詢醫師，在醫師的指導下合理減重。

Q11 孕媽咪可以喝咖啡嗎？

A11 咖啡因過量是胎兒的大敵，孕媽咪一定要忌口，繼續堅持不喝含有咖啡因飲料的習慣，包括可樂、咖啡、茶等。這是因為咖啡因過量對胎兒來說不安全，一旦孕媽咪喝過量，就會透過胎盤進入胎兒體內，影響胎兒的大腦、心臟、肝臟等重要器官發育，出現細胞變異，導致胎兒器官發育緩慢，甚至出現畸形或先天性疾病。

Q12 孕媽咪小腿抽筋就是缺鈣嗎？

A12 多數孕媽咪在懷孕 3 月末至 4 月間會出現腿抽筋的現象。因為缺鈣、鎂，或者肌肉疲勞、遭受風寒時，都會出現抽筋現象，因此要找對原因對症下藥。大多數的孕媽咪腿抽筋是缺鈣導致，這是因為胎兒從懷孕 11 週開始發育骨骼，對鈣的需求量會持續增多，如果孕媽咪體內鈣質不足就會缺鈣。同時，由於鈣質和骨骼肌肉的興奮性有直接關係，孕媽咪一旦缺鈣，就會引起小腿肌肉痙攣。孕媽咪可按醫囑服用補鈣製劑，或者多食用富含鈣質的食物，如低脂乳品類、小米、玉米、蕎麥、燕麥、豆類食物、蘑菇、核桃仁、蝦米、海產品、香蕉等食物，避免長時間保持同一姿勢不動，並在睡前多泡腳，都能對抽筋有所緩解。

可以多吃的 6 種乾果

1. 花生

花生能補充熱量、優質蛋白質、核黃素、鈣、磷等營養元素，具有健腦益智、補血養顏的作用。

2. 芝麻

芝麻能補充懷孕早期因食慾減退而攝取不足的脂肪，還能補充蛋白質、糖、卵磷脂、鈣、鐵、硒、亞麻油酸等營養，具有健腦抗衰、增強抵抗力的作用。

3. 松子

松子富含維生素 A 和維生素 E，以及脂肪酸、亞麻油酸等，能夠潤膚通便，預防孕媽咪便祕。

4. 核桃仁

核桃仁含有蛋白質、脂肪酸、磷脂等多種營養素，不僅能夠補腦健腦、補氣血、潤腸，還能補充孕媽咪所需的脂肪，促進細胞增長和造血功能。

5. 榛子

榛子富含不飽和脂肪酸、葉酸、多種礦物質及維生素，能夠健腦、明目。

6. 瓜子

瓜子包括葵花子、西瓜子和南瓜子等都能夠幫助孕媽咪增強食慾，健胃潤腸，降低膽固醇。

Q13 怎麼吃能緩解孕媽咪的焦慮情緒？

A13 進入懷孕第 7 個月，孕媽咪發生早產的可能性開始出現。有些孕媽咪容易產生焦慮和抑鬱的情緒，而影響自己和胎兒的健康。如果孕媽咪能適當多吃一些適合的食物，就能安撫不安的情緒，使自己變得輕鬆。建議孕媽咪可以多吃一些富含維生素 B 群、維生素 C、鎂、鋅的食物，如五穀雜糧、柑橘、柳丁、香蕉、葡萄、木瓜、香瓜、雞蛋、牛奶、肉類、番茄、大白菜、紅豆、堅果類以及深海魚等食物。

Q14 患有妊娠糖尿病的孕媽咪該怎麼吃？

A14 妊娠糖尿病孕媽咪在飲食上要比正常孕媽咪更加注意和小心。除了要能提供足夠的營養素給胎兒正常生長發育，又要能將自己的血糖控制在合理範圍內，減少流產、早產和難產的發生率。因此，妊娠糖尿病孕媽咪應嚴格遵循以下的飲食原則：

1. 要更加嚴格控制熱量攝取，避免肥胖，否則會加重病情。
2. 增加膳食纖維攝取，避免吃含糖量過高或過油的食物。
3. 增加少量多餐的次數，以每日 5~6 餐為宜，每次不能進食過多的食物。
4. 不能不吃澱粉類食物，但要控制攝取量。
5. 早晨血糖值較高，因此早餐要少吃澱粉類食物。
6. 保證每日喝 2 杯牛奶，但不宜過量。
7. 烹調用油只選擇植物油。
8. 避免食用已經放置過一段時間的食物。
9. 用粗糧代替精製主食，少吃精製加工食品。
10. 少吃含水量少的食物。

用顏色選對食物

1. **紅色食物**
   紅色食物富含胡蘿蔔素和維生素 C，可以保護眼睛、減輕身體和神經疲勞、健腦、增強抵抗力，如番茄、胡蘿蔔、草莓、紅蘋果、紅棗等。

2. **黃色食物**
   黃色食物富含維生素 C，能夠美白肌膚和提高抗病能力，如柳橙、香蕉、南瓜、地瓜、甜玉米等。

3. **綠色食物**
   綠色食物大多富含纖維素，能夠通利胃腸、補充維生素和葉酸，如綠色蔬菜、冬瓜、綠豆、奇異果、青蘋果、青葡萄等。

4. **黑色食物**
   黑色食物以補腎、抗衰老為主，能夠增強體力，如黑豆、海帶、黑芝麻、髮菜、香菇等

5. **紫色食物**
   紫色食物富含花青素、能夠促進血液循環、防治心血管疾病、延緩衰老，如紫菜、茄子等。

6. **白色食物**
   白色食物能夠全面提高人體免疫力、健脾利水，是基礎性食材，如白米飯、豆腐、百合、山藥、白蘿蔔、洋蔥、菌菇類、馬鈴薯等。

Q15 孕媽咪何時吃水果較合適？

A15 孕媽咪吃水果能夠補充大量的維生素和纖維素，為胎兒提供豐富的營養。但如果沒掌握好正確吃水果時間則會造成肥胖，並且不利於營養吸收。所以建議：不要在晚飯後及睡前吃，這樣會導致大量熱量囤積，使孕媽咪出現過度肥胖。最好在上午 10 點和下午 3~4 點的加餐時段吃，既易於消化又能使水果的營養價值發揮到最高水準。

Q16 不愛吃魚的孕媽咪可以吃魚肝油嗎？

A16 孕媽咪最好不要吃魚肝油。魚肝油和魚油是兩樣完全不同的營養保健食品，魚肝油主要是從海魚的肝臟中提煉出的一種脂肪油，主要成分是維生素 A 和維生素 D，具有強壯骨骼的作用，常被用於兒童期的補鈣之用。魚油則是魚體內全部油類物質的總稱，主要成分是 DHA 和 EPA。與魚油不同，魚肝油並不適合孕媽咪用來補充所缺失的營養，否則容易引起胎兒動脈硬化，智力發育受阻，也會使孕媽咪身體出現不適，如有需要應在醫師或營養師指導下適量服用。

Q17 臨產的飲食該怎麼安排？

A17 從規律宮縮開始出現，一直到胎兒順利娩出的這一過程，通常要持續 12 個小時以上，在這段難熬的時期，孕媽咪的能量消耗是巨大的，需要少量多餐的補充一定的能量。儘量選擇形式為易消化、少渣、適口的流質或半流質食物，成分為高糖或澱粉的食物。不要吃大塊狀的固體食物或豆類食品，這些食物極易造成腹脹和消化不良，非常不利於生產。

健康吃魚的祕訣

1. 少吃汞含量超標的魚

汞進入孕媽咪體內後，會破壞胎兒的中樞神經系統，影響胎兒的大腦發育，因此汞含量超標的魚，如鯊魚、旗魚、鯖魚、鱸魚、鱒魚等，應儘量避免。

2. 少吃深海魚

某些深海魚體內可能帶有寄生蟲及細菌，處理時要徹底洗淨，在烹調中，要煮熟、煮透。

3. 少吃加工食品

鹹魚、燻魚、魚乾等加工醃製品含有亞硝酸胺類致癌物質，孕媽咪儘量不要食用，而煎炸時燒焦的魚肉中含強致癌物，也不能食用。

4. 少吃汙染的魚類

由於環境汙染，可能會有很多有毒物質在魚體內蓄積，因此孕媽咪在買魚時，除了要注意魚本身是否新鮮外，還要儘量避免購買被重金屬或農藥汙染的魚。長相畸形的魚以及死魚體內很有可能已經發生了病變，孕媽咪千萬不要食用，以免傷己又傷胎兒。

5. 少吃罐頭食品

罐裝魚孕媽咪也要少吃，儘量食用新鮮宰殺的魚類，以防止過量攝取有害物質。

孕期營養全指南：
養胎瘦孕胖寶不胖媽 100 道料理

編者　樂媽咪名廚團隊

總編輯　李于慧

執行編輯　王藝蓁、江馥君

特約編輯　有魚文字工作室

封面設計　曹瑩

版型設計　何立文

內頁排版　方皓承

插畫設計　吳維雲

攝影棚團隊

總監　黃星瑩

示範　蔡偉民、林晉弘

動態攝影　廖均緯

平面攝影　王銘偉

剪接後製　佳霖、周碩惠

法律顧問　朱應翔 律師

　　　　　匯利國際商務法律事務所

地址：106 台北市敦化南路二段 76 號 6 樓之 1

電話：886-2-2700-7560

法律顧問　徐立信 律師

出版者　双美生活文創股份有限公司

地址：235 新北市中和區莒光路 205 號 K 棟

電話：886-2-7723-1132

傳真：886-2-2223-8667

總經銷　昶景國際文化有限公司

地址：236 新北市土城區民族街 11 號 3 樓

電話：886-2-2269-6367

傳真：886-2-2269-0299

網路書店 http：//www.168books.com.tw

初版一刷　2016 年 5 月

定價　依封底價格為主

孕期營養全指南：養胎瘦孕胖寶不胖媽 100
道料理 / 樂媽咪名廚團隊編著 . -- 初版 . -- 新
北市：双美生活文創，2016.05

　　面；　公分

ISBN 978-986-92088-7-1(平裝)

1. 懷孕 2. 健康飲食 3. 食譜 4. 婦女健康

429.12　　　　　　　　　104025344